浙江省普通本科高校“十四五”重点教材　　高等院校儿童动漫系列教材

浙江师范大学重点教材建设资助项目

儿童布绒玩具设计与制作

陈雪芳　著

電子工業出版社
Publishing House of Electronics Industry
北京·BEIJING

内 容 简 介

本书从当前儿童布绒玩具产业对儿童布绒玩具设计师的人才需求出发，旨在培养学生的基本的儿童布绒玩具设计方法与制作技能。在设计方面，首先，本书立足于儿童，结合儿童发展的需求，充分考量玩具中多种游戏功能的预设；其次，本书结合新媒体时代下数字艺术的特点，打破常规，结合互联网、人工智能等技术进行设计思路的创新研究。在制作方面，本书结合儿童布绒玩具产业的产业化需求，利用最新的造型与开版软件对学生进行专业化的训练，使学生能在较短的时间内掌握造型与开版技术，为将来能胜任相关领域的工作打下全面而扎实的基础。本书充分利用互联网技术，采用二维码链接视频的方式，方便学生深入学习、反复观摩。

综上所述，本书主要培养学生对儿童布绒玩具进行设计与制作的能力，结合了设计学、教育学等相关领域的知识，并同现代信息技术进行深度融合，充分体现了“工+文”“文+文”等交叉融合的“新文科”思想。

本书作为儿童布绒玩具设计与制作的专业教材，可供中、高等职业技术院校相关专业师生，以及儿童布绒玩具设计师使用。

图书在版编目（CIP）数据
儿童布绒玩具设计与制作 / 陈雪芳著. -- 北京 :
电子工业出版社, 2024. 7. -- ISBN 978-7-121-48516-9
Ⅰ. TS958.4
中国国家版本馆 CIP 数据核字第 2024CE8614 号

责任编辑：孟　宇
印　　刷：北京缤索印刷有限公司
装　　订：北京缤索印刷有限公司
出版发行：电子工业出版社
北京市海淀区万寿路 173 信箱　　邮编：100036
开　　本：787×1092　1/16　印张：10.75　字数：236 千字
版　　次：2024 年 7 月第 1 版
印　　次：2024 年 7 月第 1 次印刷
定　　价：79.80 元

凡所购买电子工业出版社图书有缺损问题，请向购买书店调换。若书店售缺，请与本社发行部联系，联系及邮购电话：(010)88254888，88258888。

质量投诉请发邮件至 zlts@phei.com.cn，盗版侵权举报请发邮件至 dbqq@phei.com.cn。

本书咨询联系方式：mengyu@phei.com.cn。

前　言

布绒玩具经常被人们当作情绪的缓冲剂。它仿佛是爱的化身，一直是人们日常生活中必不可少的陪伴物。布绒玩具具有造型可爱、装饰性强、触感柔软、不怕挤压、清洗方便及安全性高等诸多优点，因此深受不同人群的喜爱。心理学家曾用大猩猩的幼崽做过试验：在它对面放置两个极度相似的大猩猩模型，一个大猩猩模型的材质是金属和木头，而另一个大猩猩模型的材质是柔软的棉毛布。经过观察发现，大猩猩的幼崽不愿意亲近前者，而喜欢亲近后者，还爬到后者的怀里睡着了。对动物来说，这是一种本能，人更是如此。因为人在潜意识中，对环境有安全、舒适的需求，而布绒玩具正好能满足这种需求。布绒玩具尤其能满足学前儿童的情感需求，是儿童成长过程中不可替代的一种玩具。无论时代如何变迁，布绒玩具都是儿童喜爱的玩具。

儿童布绒玩具设计师应该是一个非常有趣且神圣的职业。儿童布绒玩具始终要以美观、可爱的形象出现，所以儿童布绒玩具设计师不仅需要有不断求新求变的大脑，还需要怀揣一颗爱心，以便不断设计出能让儿童喜欢的儿童布绒玩具。儿童布绒玩具只要外表可爱就够了吗？笔者的回答是“不”。从儿童发展的角度讲，可爱只是标准配置，儿童布绒玩具还应该有更多的游戏功能，才能充分发挥它的价值。因此，在儿童布绒玩具设计中，如何预设健康类游戏、语言类游戏、社会类游戏、科学类游戏、艺术类游戏，助力儿童全面发展，是儿童布绒玩具设计师需要重视的问题。

随着时代的发展，儿童布绒玩具产业依托科技逐步实现转型升级，对儿童布绒玩具设计师也提出了新的要求。如今，儿童布绒玩具设计师利用计算机及相关软件可以实现儿童布绒玩具设计方案的快速输出。例如，在儿童布绒玩具制作流程中，尤其令儿童布绒玩具设计师头疼的开版环节是设计方案能否落地的关键。在传统的儿童布绒玩具产业中，开版环节通常需要儿童布绒玩具设计师和有多年开版经验的制版师共同完成。如今，通过运用专业软件，儿童布绒玩具设计师可以在短时间内完成开版，再也不用花很长的时间去学习如何开版。科技使儿童布绒玩具设计师和制版师成功合体，免去了烦琐的沟通、协作流程。因此，未来的儿童布绒玩具设计师必须具备数字化的设计能力，才能适应当今儿童布绒玩具产业的发展需求。

本书是基于当今儿童布绒玩具产业对人才的需求而撰写的，具有两大特点：在设计方面，重点阐述在儿童布绒玩具设计中如何预设互动式游戏，而非只重视外形设计；在制作方面，本书重点介绍数字化的制作工艺与流程，而非展现传统的手工制作工艺与流程。

本书主要分为 3 个部分和两个附录。其中，第一部分包括第一章和第二章，主要阐述相关理论，分析儿童布绒玩具在新媒体时代下的发展现状、通过儿童布绒玩具与 App 的结合预设互动式游戏、儿童布绒玩具的价值、儿童布绒玩具的分类，以及儿童布绒玩具设计师应具备的素质；第二部分包括第三至第五章，主要阐述关于儿童布绒玩具的设计方法；第三部分包括第六章和第七章，主要针对制作工艺进行研究，并分别以 4 种造型的儿童布绒玩具为例，详细展示了儿童布绒玩具的制作流程与方法；两个附录分别是制作流程中的安全操作与注意事项、缝纫机的常见故障与解决方法，方便读者在实践中规避各种安全风险、解决各种常见问题。

在儿童布绒玩具内部加入机械、机芯等装置后，儿童布绒玩具就会有一定的可动性和新的功能。但本书着重讨论静态儿童布绒玩具的制作工艺，不涉及机械、机芯等装置的设计与制作工艺。

儿童布绒玩具设计既是产品设计，又是一种视觉艺术，一图胜万言，因此本书在很多地方搭配了相应的插图，其中有很多历届学生的优秀的课程作业与毕业创作的作品。在梳理插图的过程中，当年学生在本课程中付出的热情与努力历历在目，因此笔者为能在本书中再现学生的奇思妙想而感到欣慰，同时向每位作者致以诚挚的谢意。

陈雪芳

2023 年 11 月

目　录

儿童布绒玩具设计与制作

第一章　概　　述

导读：

通过学习本章，学生应了解儿童布绒玩具在新媒体时代下的发展现状，以及儿童布绒玩具的价值；厘清儿童布绒玩具的分类，通过对情感安抚型、游戏互动型、日常实用型及早教启智型 4 种儿童布绒玩具的分析，了解不同类别的儿童布绒玩具的特点。

布绒玩具是一种用各种毛绒、棉、麻、化纤等面料，经过裁剪、缝合、填充而成的软性玩具，也称填充玩具、软性玩具。布绒玩具因具有可爱的造型、柔软的触感、材料易得、成型方便等特点而深受人们的喜爱。布绒玩具的历史非常悠久，国内早期的儿童布绒玩具当属在中国古代民间流传甚广的布老虎。早期的布老虎是极具乡土气息的手工艺品。布老虎最初起源于古代的虎图腾崇拜，始于伏羲时期。著名民族学家刘尧汉在《中国文明源头新探》一书中讲道："伏羲本为虎图腾，秦汉以后有史学家以龙为真命天子的思想。"由此可见，虎图腾源自伏羲并早于龙图腾。在原始社会，猛兽出没，自然灾害频发，人类觉得自己很渺小和脆弱，于是把凶猛的兽中之王——老虎看作世间的强者。因此，有的地方，姥姥会在外孙出生时，赠以自制的布老虎，祈盼孩子无病无灾、健康成长。难怪民谣里有这样的传唱："小猴孩，你别哭，给你买个布老虎；白天拿着玩，黑夜吓麻胡。"

布老虎还承载着更多美好的寓意，因为人们还把强大的老虎作为人类繁衍和生命的保护之神。传说老虎喜食五毒，可以驱邪祛病、延年益寿。因此，在端午节时，人们会在布老虎体内添加少许朱砂辟邪，有的人还会给孩子用虎头枕、穿虎头鞋、戴虎头帽，讨个祛病消灾的彩头。在某些民间方言中，“虎”与“福”谐音。因此，千百年来，布老虎一直被百姓当作镇宅、辟邪、祈福之物，被成人赋予孩子保护之神的角色。虽然它的具体诞生年代无据可考，但是根据它与古代民间文化的渊源，可以推断它的历史非常悠久，其存在已有千年历史。布老虎最初主要流传于山西、陕西、山东、河南等地。因民俗习惯、地域差异，它的制作手法各异、花样繁多。这些布老虎或颜色单一，或色彩斑斓；或龇牙怒目，或憨态可掬。但是，它们有个共同之处，那就是头阔脸大，尾巴高耸，眉毛、眼睛、嘴巴、鼻子都特别夸张，额头上还有个大大的“王”字（见图 1-1）。早期的布老虎以布为主料，多用谷糠、棉花、荞麦皮、桃木屑等作为填充料，集裁剪、刺绣工艺于一身。如今，布老虎在造型、工艺及材料等方面都发生了很大的变化，但是永远没有改变的是虎的神采及浓浓的乡愁。

国外早期知名的布绒玩具应该非泰迪熊莫属了。泰迪熊的诞生离不开一个传奇的故事。泰迪是美国前总统西奥多·罗斯福的昵称，他在 1902 年的一次猎熊之旅引领了玩具界的潮流。1902 年，罗斯福前往密西西比州帮助解决密西西比州和路易斯安那州之间的边界争端问题。在闲暇时间，他参加了密西西比州的一次猎熊活动，但是当一天的行程即将结束时，罗斯福一无所获。罗斯福的随行下属为了缓解尴尬，抓来一只受伤的小熊绑在树上，让罗斯福射杀。罗斯福断然拒绝，放走了那只可怜的小熊，并讲了一句日后流传极广、次日被一位漫画家引用为其漫画作品标题的话语：“这是一个原则问题”，意为当时的边界争端是一个原则问题。当时，一个名叫莫里斯·米其顿的纽约玩具店店主由此产生了灵感，他让妻子用棕色毛绒织布制作成一款玩具熊，并在写信征得罗斯福的同意后，正式将这款玩具熊命名为泰迪熊。后来，米其顿先生索性成立了一家玩具公司来专门生产这种玩具熊。说起来真是凑巧，在同一年，德国的史泰福公司也设计了一款玩具熊，并在玩具展览会上推出。这两家公司都把自己生产的玩具熊叫作泰迪熊。1905 年，史泰福公司推出了经典的理查德·史泰福熊，如图 1-2 所示。它具有圆润的身材、可爱的表情，圆脸、尖吻、绣线鼻，耳朵上订有标签，作为其独特的标志。从此，布绒熊开始走入辉煌时期，而理查德·史泰福也成为布绒熊历史上著名的设计师。泰迪熊本是一个专有名词（只有 1903—1912 年制造出来的熊才能被称为泰迪熊），但随着泰迪熊的热销，不同造型的布绒熊陆续诞生，现在泰迪熊已发展为几乎所有布绒熊的统称。伴随着布绒熊的热销，不同动物造型的布绒玩具应运而生。

如今，市场上的玩具多种多样，既有天上飞的、陆地上跑的，又有水里游的；既有木制玩具、布制玩具、纸制玩具、草编玩具等传统玩具，又有塑料玩具、机械玩具、电子玩具等现代玩具及信息感应类的高科技玩具。然而，随着社会的发展及人们生活方式的改变，历史悠久的布绒玩具不仅没有被时代抛弃，还越来越受到人们的青睐，其中的原因是什么呢？

图 1-1　布老虎

图 1-2　理查德·史泰福熊

对儿童来说，布绒玩具是他们的忠实朋友。当家人不在身边时，布绒玩具就是他们的知心小伙伴，陪伴着他们；布绒玩具不会与儿童发生任何矛盾，当儿童高兴时，它们与儿童一起玩，当儿童不高兴时，它们是儿童情绪发泄的对象，无条件包容儿童的所有情绪和行为，毫无怨言；当妈妈讲故事时，布绒玩具可作为道具，最有趣的是，儿童会用它们自编自演各种故事。如今，随着多种游戏玩法的预设，布绒玩具还能促进儿童的认知、社会性交往及文化性等方面的发展，发挥着重要的教育功能。

对许多成人来说，布绒玩具也是他们生活中必不可少的物品，可以满足他们的情感需求。可以说，大部分女孩子都喜欢布绒玩具。当她们面对外界中的不安，内心没有足够的自信时，布绒玩具可以作为她们的情感依靠。除此之外，布绒玩具还可以帮助她们平定不稳定的情绪、消除紧张心理、培养爱心等。对男人来说，他们虽然在工作上积极进取，以确定自身的价值与社会地位，但在生活上也需要别人的理解、关心和照顾，因此他们的性格具有鲜明的两面性，这就需要有一种物质来平衡这种两面性，缓解他们在社会与生活中承受的巨大心理压力，以及由这种心理压力造成的紧张、烦躁情绪。因此，市场上的解压玩具应运而生，而布绒玩具是其中比较重要的一种。对孤独的老人来说，他们需要陪伴，因此市场上出现了不用喂养的毛绒电子宠物。这些毛绒电子宠物既可以给老人提供一定的陪伴，又为老人避免了喂养的麻烦。

布绒玩具还是现代家庭营造气氛、制造情调必不可少的装饰品。随手将布绒玩具丢在某一角落，看似无意，却独具匠心；将布绒玩具放在沙发上，可使其充当靠垫、枕头；在冬日里，布绒玩具可以让人们取暖；在人们的身体小有不适时，布绒玩具还可充当镇静剂。因此，在家中放一些布绒玩具可以很好地缓解家人的紧张情绪，活跃室内气氛。

总之，布绒玩具作为情绪的缓冲剂，可以很好地迎合现代人的心理。无论现在还是将来，它都将一直是人们的陪伴物。柔软的布绒玩具可以给人们带来温暖与慰藉。无论社会发展到什么程度，人们内心对爱的渴望都不会改变。因此，布绒玩具无论是在国内还是国外（特别是西欧、北美、中东等地区），都有着广阔的市场。

在社会经济和科学技术迅猛发展的今天，传统的布绒玩具在不断完善中平稳发展，而含有科技元素的玩具会取代一部分传统玩具。人们对玩具的消费心理是永远期待新款登场，因此新的文化和新的形象极有可能引领布绒玩具市场的潮流。

现代儿童布绒玩具在创意方面形成一种多元文化结合的局面——国内的与国外的相结合、传统的与现代的相结合、复古的与流行的相结合。传统的儿童布绒玩具形象的创意设计，其灵感多数来自古老的童话故事；而流行的儿童布绒玩具形象的创意设计，其灵感多数来自动漫、游戏卡通形象。两类玩具形象各具风格，既吸收了流行文化中的时尚要素，保持其个性特征的延伸，又可以通过分解、提炼、取舍和重组来获得新的玩具形象。

在材料方面，面料的质地、纹理与毛向、手感与造型效果直接反映布绒玩具的设计风格。20 世纪 80 年代初，布绒玩具出口业务刚刚起步，布绒玩具的种类少，其面料也仅局限于灯芯绒、尼龙薄绒、平绒等。20 世纪 80 年代中期至今，布绒玩具的面料发生了日新月异的变化。各具特色、风格迥异的面料为布绒玩具的创意设计提供了广阔的空间。同样的造型，在不同时期采用不同风格的面料会赋予布绒玩具新的生命。

展望未来的儿童布绒玩具，儿童布绒玩具设计师只有结合心理学、教育学、材料学及科学技术的成果，针对不同的消费需求，进行多角度的产品开发，才能使儿童布绒玩具永远保持活力，为儿童提供更好的陪伴。

第一节　儿童布绒玩具在新媒体时代下的发展现状

随着新媒体时代的到来，儿童布绒玩具的创意与游戏形式正在发生着巨大的变化。个性化、去中心化与互动性是新媒体区别于传统媒体的传播特质。正如美国《连线》杂志对新媒体的定义："新媒体就是所有人对所有人的传播。"人们在传播的每一个环节中，都既是传者又是受者，充分互动、充分发声，表达自己的诉求。新媒体的这些"基因"使得人们的需求开始受到前所未有的激发与尊重，对信息的控制权重新回到人们手中。新媒体从即时通信、休闲娱乐、饮食起居、工作和学习扩展到人们生活的所有领域，从而使人们进入全媒介化状态。这标志着以网络为依托的新媒体已强势逆袭，成为主要的媒介形态。随着新媒体功能的不断拓展，其在政治、经济、社会、文化各领域的作用也不断延伸。生活在新媒体时代的儿童不可避免地受到影响，如儿童手机、儿童游戏、网上课堂等在儿童生活中无处不在，新媒体正以各种形式影响着儿童的生活。因此，作为儿童成长伙伴的儿童布绒玩具必须与时俱进，才能适应新的生态环境，满足儿童的成长需求。

第二节 通过儿童布绒玩具与 App 的结合预设互动式游戏

智能手机的普及使得手机 App 与智能玩具结合，实现儿童的游戏体验非常方便。例如，费雪出品了一款面向 3～8 岁儿童的智能儿童布绒玩具，该玩具被称为“互动学习小伙伴”。它会聆听并和儿童聊天，给儿童讲故事和笑话，还知道天气、新闻头条等信息。这款智能儿童布绒玩具的外形被设计成方头方脑的可爱小动物，选取了儿童喜爱的猴子、棕熊、熊猫等形象。它们身背小书包，书包里刚好可以收纳 9 张智能卡片，同时，毛绒面料带来的柔软触感让儿童更加真实地感受到一个类似“自己”的学习伙伴诞生了。在探索不同玩法的过程中，儿童能够全身心地投入其中，在提升想象力与创造力的同时，获取更多的知识。趣巢的二代智能玩具狗——抱抱旺也是一款与手机 App 结合使用的智能儿童布绒玩具，它区别于其他同类产品的最大特点：让儿童通过照顾它来与它进行互动，为儿童提供了较真实的养狗体验。它的外形设计得十分逼真，有着适合儿童抱起的尺寸。同时，此款产品具备宠物狗的多种真实形态，能够在不同的场景下被触发。而海量的教学内容则使此款产品集玩乐、学习与思考于一身，可以充分满足不同年龄段的儿童的需求和个体差异化的需求。

还有一种 App，它将儿童绘画与布绒玩具结合起来，可以让儿童充分参与游戏。玩偶大师是国内首个 O2O（Online to Offline，线上到线下）玩偶定制平台。儿童喜欢涂鸦，但是随手涂鸦往往不易保存，玩偶大师希望通过专业定制技术和艺术化处理，把儿童的涂鸦做成独特的玩偶，以鼓励他们发挥想象力和创造力。目前，玩偶大师还开发了相关 App，儿童只要在 App 里绘画，并将作品上传，就能直接定制成玩偶。玩偶大师的定制玩偶如图 1-3 所示。

图 1-3 玩偶大师的定制玩偶

一、新媒体环境刺激着儿童布绒玩具快速迭代

在新媒体时代，信息传播的速度获得前所未有的提升，使得相关领域互相影响，不断催生着新的创意、新的产品。如今，抖音、微博、小红书等社交平台可以对资讯进行全方位的传播，这使得儿童布绒玩具的相关资讯被迅速传播，极大地刺激了儿童布绒玩具的创新与发展，使得新产品层出不穷。儿童布绒玩具的款式和面料越来越多，从写实的仿真动物到动漫的Q版人物，从普通毛绒面料到特殊绒布面料，应有尽有。

通过融合各种时尚元素来挖掘流行特质是儿童布绒玩具发展的一个趋势。毛绒的背包、手机座、纸巾套、相框、靠枕等，集娱乐性、实用性和观赏性于一身，销势喜人。例如，翻滚笑笑猴、早教娃娃等融入了声、光、电元素的儿童布绒玩具，备受市场青睐；海底世界系列儿童布绒玩具、网娃等则是实体儿童布绒玩具与网络虚拟角色相结合的典范，发展前景良好。

由于融入了各种科技元素，儿童布绒玩具产业出现了很多新材料。例如，儿童布绒玩具的填充料不断创新，纳米泡沫粒子、竹炭等也常用作填充料，儿童布绒玩具正经历着不断“变心”的过程。塔吉特是仅次于沃尔玛的第二大零售百货集团公司，于2017年在北美推出了一款名为ZOOKIEZ的革命性儿童布绒玩具。这款有专利保护的儿童布绒玩具拥有独特的灵活爪子，可以很好地蜷曲在孩子的手臂、肩膀、书包、沙发靠背上。ZOOKIEZ儿童布绒玩具是儿童布绒玩具产业的一个新突破，拥有很好的设计和安全保障，创造了很多新的可能。如今，ZOOKIEZ儿童布绒玩具中已有40多种动物玩具，吸引着孩子们集齐所有动物玩具。近期，以优质毛绒布为外部造型套、以竹炭为填充料的各种卡通造型抱枕的行情悄然升温，该类产品不仅安全性高、手感柔软、做工精致、外形时尚，还能起到舒筋活络、缓解疲劳的保健功效，是诸多大、中型城市的商场中热卖的儿童布绒玩具。

二、儿童布绒玩具形象中的动漫元素增多

在新媒体时代，儿童接收动漫信息的机会很多，其中很多种动漫形象深受儿童喜爱，因此动漫衍生类的儿童布绒玩具市场前景广阔。以新近流行影视剧和漫画中的动漫形象为原型的儿童布绒玩具会受到市场热捧，如以《罗小黑战记》中的罗小黑、《宝宝巴士》中的熊猫奇奇和妙妙、《小猪佩奇》中的佩奇等剧中的主要卡通形象为原型制作的儿童布绒玩具销势良好。

第三节　儿童布绒玩具的价值

一、情感价值

儿童布绒玩具可以成为儿童的好朋友，陪伴他们成长，给予他们温暖和安慰。儿童和儿童布绒玩具之间的关系往往是亲密的，这种关系的建立有助于儿童培养人际交往和情感认知能力。

儿童布绒玩具是一种形象玩具，在儿童的象征性游戏扮演中占据重要地位。在童年时期，人们总是会有一个甚至几个喜爱的儿童布绒玩具，这些儿童布绒玩具陪伴在人们身边，成为人们不可或缺的好朋友。儿童之所以总是将儿童布绒玩具视为好朋友，不仅是因为它们有毛茸茸的外表，还因为它们会无声地陪伴在儿童身边，倾听儿童诉说（诉说的内容无关紧要，重要的是让儿童表达情感）。很多儿童喜欢睡觉时抱着洋娃娃或者其他儿童布绒玩具，是因为洋娃娃或其他儿童布绒玩具能带给他们安全感。而儿童的安全感问题恰恰是儿童心理教育中的核心问题之一。

儿童布绒玩具具有柔软的触感，可以带给儿童轻松感、舒适感，因此儿童愿意亲近它们，与之形成亲密的关系。

二、发展价值

儿童布绒玩具可以作为游戏工具，辅助儿童玩游戏，促进儿童全面发展。玩是儿童的天性，玩具是儿童解放天性、获得成长的重要工具。在儿童的成长过程中，一切事物对儿童来说都是陌生的，他们需要借助各类合适的玩具去了解陌生的事物。玩具可以作为儿童的“教科书”，教他们学习，具有一定的教育价值。好的玩具在陪伴儿童玩乐的同时，还能让他们锻炼身体、增长见识、开发智力、活跃思维。玩具对儿童发展的价值主要体现在以下 6 个方面：玩具能激发儿童玩游戏的兴趣，丰富游戏的内容；玩具能为儿童认知能力的发展提供信息基础；玩具是儿童探索科学的启蒙教具；玩具为儿童品德行为的形成提供条件；玩具能使儿童获得运动、操作的技能；玩具有平衡情绪的功能，有助于让儿童培养良好的个性。儿童布绒玩具不仅具有情感陪伴功能，还可以通过各种功能性设计，实现上述 6 个方面的价值，引导儿童有效地、创造性地玩。

儿童布绒玩具不仅可以促进儿童动作技能和技巧、语言、社会性等方面的全面协调发展，促进儿童社会化的发展进程，还能给儿童带来其他事物无法带来的满足与成就感，可以给儿童创造一个美好、愉快的童年记忆。由此可见，儿童布绒玩具与儿童密不可分，因此儿童布绒玩具设计师要充分利用这种契机，在设计中善于运用智慧，把各种游戏合理地渗透到儿童布绒玩具中，让儿童在儿童布绒玩具的陪伴中，不仅能获得身心的愉悦，还能得到更加全面的发展。

三、文化价值

从符号学的角度看，儿童布绒玩具是一种视觉语言符号，可以承载丰富的信息，传播各种文化。例如，2010 年上海世界博览会的吉祥物——海宝是一个承载文化、传播国家形象的典型代表。海宝作为具有世界博览会主办国特色的标志物，是我国第一个综合类世界博览会的吉祥物：头发翘起、圆眼含笑、四肢舒展，外形就像中国传统汉字“人”的蓝色小孩。取名“海宝”，意为四海之宝。中国人认为“五湖四海皆兄弟”，全世界应该是一个和谐的大家庭，世界博览会的展览就是全世界的宝物汇展，而全世界的宝物体现了人类的智慧，所以吉祥物取“海宝”之名，取“人”字为形，反映了世界博览会主办国的历史发展、文化观念、意识形态及社会背景，体现了世界博览会主办国、承办城市独特的文化魅力，体现了世界博览会主办国的民族文化和精神风貌，达到了“充分体现世界博览会主办国的文化”这个目的。而以海宝的形象为原型制作的布绒玩具，则是一个大众喜爱的物质载体，在文化传播中扮演着十分重要的角色。

另外两个具有典型文化传播功能的布绒玩具是 2022 年北京冬奥会的吉祥物冰墩墩与雪容融。一般各届奥运会吉祥物都会被注入奥运会主办国文化和奥林匹克运动精神的元素。冰墩墩与雪容融是中国文化与运动精神完美的结合体。冰墩墩的外形是一只穿着冰壳的熊猫（熊猫不用过多介绍，它是我国的国宝），其设计最为巧妙的是头部的冰晶外壳造型取自冰雪运动头盔，加以彩色光环装饰，使之极富科技气息，让人一见就心生喜爱之情。雪容融的形象来自我国传统佳节点亮的大红灯笼。北京冬奥会举办期间恰逢我国传统节日春节，因此其整体造型设计灵感来源于此。雪容融采用了灯笼和剪纸的元素，其发光外形寓意点亮梦想、温暖世界，代表着友爱、勇气和坚强；灯笼的火光虽小，但也能照亮一方天地，这恰好体现了残疾人运动员的拼搏精神能传递给全世界人民巨大的正能量这一特点。毫无疑问，冰墩墩与雪容融成为一张文化名片，人们只要看到这两个可爱的卡通形象，就会联系想到 2022 年北京冬奥会。冰墩墩与雪容融布绒玩具也引起了当时的消费热潮，可想而知，随着冰墩墩与雪容融布绒玩具的推广与营销，2022 年北京冬奥会的信息及我国的国家形象也得到了很好的传播。

第四节　儿童布绒玩具的分类

在学习如何设计儿童布绒玩具之前，我们需要对儿童布绒玩具的类别进行梳理，因为

不同类别的儿童布绒玩具的设计重点有所不同。儿童布绒玩具的分类方式很多，如根据体量、功能等属性，可以将儿童布绒玩具划分出许多不同类别。下面主要基于儿童对儿童布绒玩具的需求，将儿童布绒玩具按照功能进行了分类。

一、情感安抚型儿童布绒玩具

情感安抚型儿童布绒玩具主要是指以其可爱的造型、舒服的触感及一些特殊的功能吸引儿童注意力和安抚儿童情绪的儿童布绒玩具，主要使用群体是 3 岁之前的儿童。对成人来说，布绒玩具具有一定的情感陪伴功能。很多成人内心都有一个小孩，布绒玩具正好是其内心小孩需要的情感陪伴物，布绒玩具稚气可爱的神情与温暖柔和的触感可以让成人暂时抛开烦恼。他们可以倚着布绒玩具看书、品茶、看电视，享受布绒玩具所带来的温暖和轻松。而对儿童来说，布绒玩具主要可以满足其对安全感的需求。0～6 个月的儿童，其视觉和听觉发育尚未完全，对他们来说世界是模糊的和陌生的，模糊的和陌生的世界会让他们产生不安情绪；而 6 个月～3 岁的儿童，情绪容易不稳定，经常哭闹不止，当他们不开心的时候，他们渴望回到妈妈的怀抱，布绒玩具可以帮他们找回缺失的安全感。当儿童要睡觉的时候，布绒玩具可以让他们愉快、稳定、顺利地进入甜蜜的梦乡。例如，海马（见图 1-4）是情感安抚型儿童布绒玩具，它有触感非常柔软的外表，且内置机芯，可以播放舒缓的音乐，它的腹部还可以发出适应儿童睡眠时所需亮度的柔和灯光。由此可见，儿童布绒玩具的情感安抚功能不仅包括陪伴，还包括对儿童心理方面的抚慰。

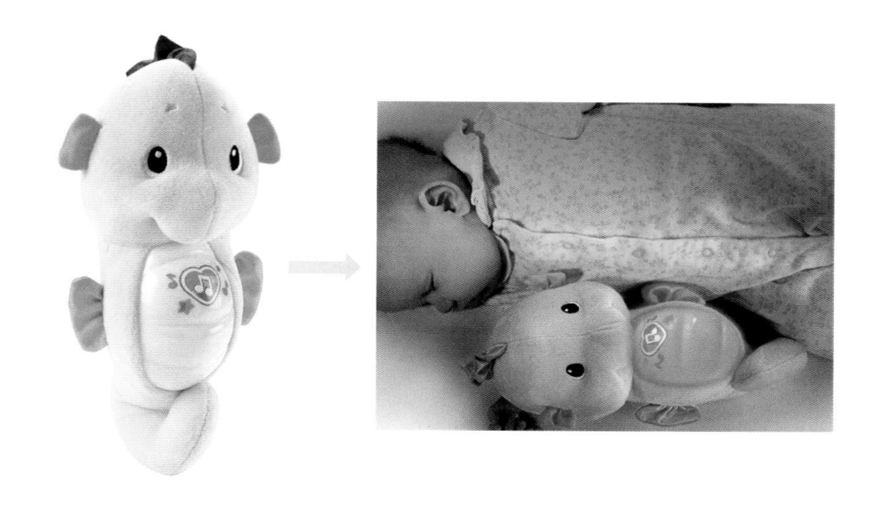

图 1-4　情感安抚型儿童布绒玩具——海马

情感安抚型儿童布绒玩具的设计重点是外形和材料。情感安抚型儿童布绒玩具的外形主要针对目标消费对象的兴趣爱好和心理需求进行设计，一般都造型简单、色彩柔和。根据儿童的视觉发育特点来看，形象越复杂，对儿童来说辨识度越低；色彩的对比也不宜过强。儿童布绒玩具的材料的触感要非常柔软，以便得到消费者的青睐。图 1-5 所示的情感安抚型儿童布绒玩具——小狗的外形是胖乎乎、圆溜溜的，是大多数儿童喜欢的类型，材料的触感也非常细腻、柔软。图 1-6 所示的情感安抚型儿童布绒玩具——兔采用的毛绒与灯芯绒面料十分柔软、丝滑，它还可以被水洗且不掉毛，十分安全。情感安抚型儿童布绒玩具的表情或乖巧、或安静，呈现出天然萌的神态，让儿童和成人都爱不释手。在色彩上，情感安抚型儿童布绒玩具采用暖色系，如米色、浅棕色、灰色、粉色等，给人以舒适感和亲切感。儿童布绒玩具设计师还可以在情感安抚型儿童布绒玩具内部安置机芯，使其能够播放适合儿童听的音乐、故事，以便充分发挥其情感安抚功能。

图 1-5　情感安抚型儿童布绒玩具——小狗

（设计者：浙江师范大学儿童发展与教育学院动画专业 2016 级陈倩滢）

图 1-6　情感安抚型儿童布绒玩具——兔

（设计者：浙江师范大学儿童发展与教育学院动画专业 2020 级赵庆蕊）

二、游戏互动型儿童布绒玩具

有些儿童布绒玩具通过结构、材料等方面的设计，为儿童预设了不同类型的游戏，以此促进儿童各种能力的协调发展，因此这类儿童布绒玩具可被称为游戏互动型儿童布绒玩具。不同时期的儿童的身心发展特点不同，需要的游戏各不相同。对婴幼儿来说，可以抓握、揉捏、拉扯的儿童布绒玩具能够满足其心理需求，帮助他们找到安全感。例如，来自法国的 Dolce 开发了一系列多功能的游戏互动型儿童布绒玩具，如 Dolce 的布绒玩具（见图 1-7）在色彩上大面积使用了互补色与比对色，可以促进婴幼儿的视觉发育、提升婴幼儿的色彩识别能力；在面料上，将多种不同的面料拼缝在一起，让不同的面料带

给婴幼儿不同的触觉体验，如长绒毛可以让婴幼儿拉扯，促进婴幼儿肌肉的发育。游戏互动型儿童布绒玩具上还可以被设计多种部件，如当婴幼儿挤压或揉捏会发声的部件时，发出的声音可以刺激其听觉的发育。虽然游戏互动型儿童布绒玩具的功能较多，但这丝毫不影响其可爱的外形，其设计的巧妙性值得儿童布绒玩具设计师学习与借鉴。

有些游戏互动型儿童布绒玩具不仅可以让儿童与其做游戏，还可以通过巧妙的设计，让儿童、家长一起与其做游戏。例如，膝盖上的马头玩具（见图 1-8）的构思非常巧妙。在生活中，我们经常看到这样的温馨场景：父亲把孩子放在腿上，手扶孩子的身体，不停地抖动腿部，让孩子假装在骑马，孩子通常会发出愉快的笑声。儿童布绒玩具设计师根据这一温馨场景联想到了跑动的小马，于是设计了一个可以绑在父亲腿上的、让孩子手握缰绳的马头玩具，让孩子有了新的不一样的体验。孩子虽然坐在父亲的腿上，但仿佛是骑在小马的背上，在草原上驰骋。

图 1-7 Dolce 的布绒玩具

图 1-8 膝盖上的马头玩具

三、日常实用型儿童布绒玩具

日常实用型儿童布绒玩具将儿童布绒玩具与儿童的日常生活用品相结合，使儿童的日常生活用品具有玩具的娱乐性和趣味性。社会生活逐步进入娱乐时代，人们从心理上需要能使自己感到轻松愉悦的产品，儿童更不能例外，所以日常实用型儿童布绒玩具既能满足儿童的日常生活需要，又兼具娱乐性和趣味性，具有极其广阔的市场前景。日常实用型儿童布绒玩具的种类日益增多，并且深得儿童的喜爱，如带有卡通元素的服饰、睡袋、抱枕等产品在加入布绒玩具元素后，不仅变得柔软，还能给使用者带来许多情趣和温暖。

儿童需要的日常生活用品很多，如衣服、帽子、围巾等服饰，睡袋、靠垫、坐凳等家居用品，以及书包、文具盒等学习用品，将一些卡通形象应用到这些日常生活用品上，不仅是一种创新，还可以让儿童的生活充满童真和乐趣。例如，卡通形象与暖水袋（见图 1-9）、水杯（见图 1-10）的造型结合得非常巧妙，与传统的只注重功能的同类产品相比，这种产品无疑会让儿童爱不释手。单纯的玩具只能供儿童观赏或者把玩，而日常生活用品无处不在，因此从为儿童创造快乐的角度出发，与单纯玩具的设计相比，日常实用型儿童布绒玩具的设计显得更有价值。

图 1-9　暖水袋

图 1-10　水杯

还有一类儿童布绒玩具，不仅具有情感安抚、游戏互动等功能，还具有一定的保健功能。例如，有一种长毛绒玩具内置了一个中药片剂，儿童在抚摸、搂抱它的过程中，中药片剂与纤维相互挤压、摩擦，从而不断挥发出一种能抑制细菌、有利于儿童身体健康的气体。据医检部门测定，这种气体能刺激人体分泌消化液，促进血液中血红蛋白和血色素的增多，对儿童贫血有一定的疗效；另外，它还有助于改善目前独生子女普遍厌食的现象，对儿童因体弱而患的习惯性感冒、遗尿、流涎水、腹泻等有一定的疗效。

四、早教启智型儿童布绒玩具

有一种儿童布绒玩具，其设计的主要目的是促进儿童认知的发展，因此可被称为早教启智型儿童布绒玩具。早教启智型儿童布绒玩具充分利用儿童布绒玩具可爱的外形和柔软的触感，吸引儿童关注、玩耍，并让儿童在不知不觉中接受早教启蒙。根据是否内置机芯，可将早教启智型儿童布绒玩具分为两种。一种是不加机芯的早教启智型儿童布绒玩具，如儿童布书等。图 1-11 所示为以《西游记》中的故事片段为主题设计的儿童布书，儿童在玩耍这种布书时，可以了解一些关于师徒四人西天取经的故事。另一种是加入各种机芯的早教启智型儿童布绒玩具，如具有播放音乐、讲故事等功能的儿童布绒玩具，这种玩具在早教启智型儿童布绒玩具中占大多数。

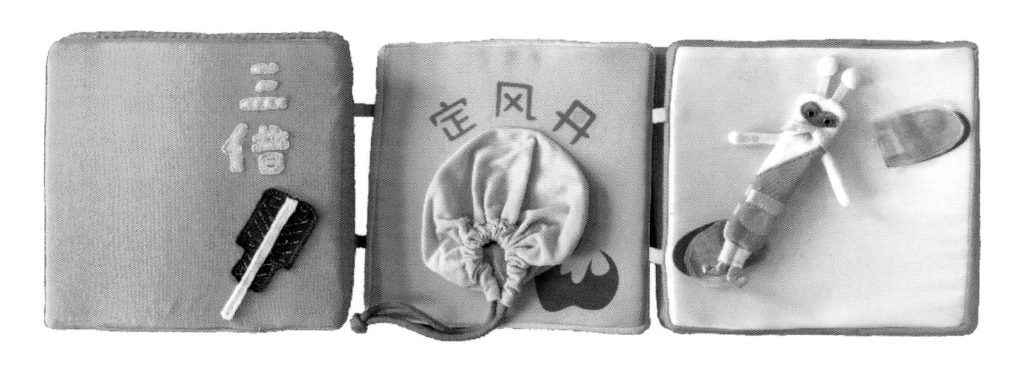

图 1-11 儿童布书

（设计者：浙江师范大学儿童发展与教育学院动画专业 2014 级鲁玲瑶）

儿童布绒玩具在被加入具有不同功能的机芯后，可以做出多种动作，这类玩具就是电动布绒玩具。有些电动布绒玩具的动作非常逼真，如小狗电动布绒玩具可以像真实的狗一样在地上翻滚。电子布绒玩具比较智能，能识别儿童的情绪，与儿童对话，进行语言交流。高档的电子布绒玩具还能帮主人看门，当陌生人出现时会报警……随着科学技术的飞速发展，儿童布绒玩具的设计与制作已广泛地使用电动、光控、声控、八音琴、计算机等新技术，使得儿童布绒玩具从“静”到“动”，有了一个新的飞跃。动态类儿童布绒玩具具有两大特点。

1．提高了儿童布绒玩具的趣味性

会动的儿童布绒玩具无疑会吸引儿童的目光。例如，会打滚、撒娇、卖萌的小狗，会载歌载舞的老鼠，会教儿童说话的各种动物形象的儿童布绒玩具等都是动态类儿童布绒玩具。动态类儿童布绒玩具不仅外形可爱，还能够做出各种动作，能够在短时间内吸引儿童的注意力，但由于其操作性不足，因此很难持久地吸引儿童。

2．拓展了儿童布绒玩具的游戏功能，提升了产品的附加价值

近年来，随着电子芯片技术的发展，在儿童布绒玩具中置入具有互动功能的电子感应芯片，可以使儿童与其进行内容丰富的互动，从中获得各种新奇的体验。目前，具备各种新奇功能的电子布绒玩具在国际玩具市场上比较具有竞争力。当下玩具市场上的电子布绒玩具种类繁多，功能各异。以菲比精灵为例，通过对菲比精灵进行分析，我们可大致了解近几年来电子布绒玩具的技术水平与发展现状。1998 年，一款名为菲比精灵的玩具横扫了美国市场，成为当时儿童的最爱。它在上市后立刻成为全球 TOP10 玩具之一，销量超过 4000 万只。菲比精灵大约有 5 英寸（1 英寸=2.54 厘米）高，说话声音类似小

精灵，因此而得名。菲比精灵最初只会说一种叫作菲比语的语言，但是，随着时间推移，它可以通过和主人谈话来“学习”英文和中文。

与1998年版菲比精灵相比，2012年版菲比精灵拥有更加丰富的色彩，可以满足更多儿童对色彩的需求。2013年9月，英文版菲比精灵上市，而在3个月后，会说中文的菲比精灵也来到了中国。升级版的菲比精灵有一种神奇的功能——只要你经常和它使用英文或中文交流，久而久之，它将会使用英文或中文与你沟通。

菲比精灵系列玩具的造型逼真，加上运用了现代电子技术，无疑魅力大增，所以很快从众多玩具中脱颖而出。即使其价格昂贵，购买者也络绎不绝。这类高附加值的儿童布绒玩具的利润可高出静态儿童布绒玩具数倍甚至数十倍。与其他具有单一或少量功能的电子布绒玩具相比，菲比精灵集多种功能于一身，主要包括以下6种。

（1）互动。菲比精灵和一般的宠物一样，很喜欢主人给它挠痒痒。在菲比精灵柔软的外表下藏着5个触摸感应器，主人挠它的头顶、后背、胃、尾巴会让它大笑，它的表情也会随之改变。主人还可以拉它的尾巴、摇晃它或者将它上下颠倒，它都会给出不同的反应，十分有趣。

（2）性格养成。只要主人经常和它互动，主人的性格就会影响菲比精灵的逻辑和反应。例如，如果主人对它非常有礼貌，那么它的反应很可能是快乐地咕咕叫或者露出快乐的眼睛。如果主人粗鲁地对待它，那么它会变得讨人厌，也许会忽视主人，或者休眠，直到主人停止打它。

（3）学习语言。菲比精灵的母语为菲比语，而在与人类交流的过程中，它会渐渐学会中文及英文两种语言。如果主人希望自己的菲比精灵可以说更多中文，就要多和它交流，多让它听，久而久之，它就能够说更多的中文了。

（4）手机互动。值得一提的是，菲比精灵可以和手机进行互动。通过菲比精灵App，主人可以用任何食物来喂养自己的菲比精灵，而菲比精灵则会通过它的眼睛和声音做出回应。当然，主人也可以用不同的食材来制作三明治等食物。菲比精灵App还有另外两大特点，即翻译菲比语，主人可以通过翻译了解菲比精灵内心的想法。通过iOS或安卓系统都可以免费下载菲比精灵App。

（5）入睡及唤醒。不同于其他电子宠物或者真实动物，当主人不给菲比精灵喂食时，它不会死，而是变得暴躁易怒。新版菲比精灵没有开关，主人想关闭它时，只需长时间不去理睬它即可，只要它感觉到累了，就会开始打哈欠，然后睡着。主人可以通过一些小小的互动来唤醒它，如让它倒立。菲比精灵的动力需要4节5号电池来提供，当菲比精灵睡得过沉无法醒来时，主人可打开后盖按下重启键（它原有的性格不会被改变）。

（6）与伙伴进行互动。2013年8月，菲比精灵迎来了它的小伙伴们——6只造型各异、不同性格的电子宠物Party Rockers，它们是一群疯狂并拥有超强音乐细胞的伙伴。作为菲比精灵的专属宠物，Party Rockers只会一种语言——它们的母语菲比语。它们会发出不同音调和语速的笑声与歌声。每一只 Party Rockers 都是派对高手，只要有音乐，它们就随时随地跟着节奏或唱或跳起来。有时即使没有音乐，只要玩者对摇滚精灵进行摇摆，它们就会嗨起来，而且摇摆得越厉害，它们就会越狂野。当 Party Rockers 与菲比精灵靠近时，它们就会用菲比语聊天，甚至唱起来，当让两只及以上的 Party Rockers 与菲比精灵在一起时，就意味着一场精彩的派对或舞会即将开始了，它们的歌声完美结合，充满了欢乐的气氛。同样，主人也可以用菲比精灵 App 给 Party Rockers 喂食、翻译它们的语言。目前，儿童可以在成人的帮助下，同时从 App Store 及安卓市场中免费下载菲比精灵 App。

菲比精灵系列玩具的成功给儿童布绒玩具的创新提供了一种全新的思路。首先，儿童布绒玩具的研发需要有跨界思维，才会有源源不断的创新思路。其次，儿童布绒玩具需要结合儿童发展的特点，与科学技术相结合，与时俱进，引领儿童开阔眼界、提升认知，培养儿童对科学探究的兴趣。

动态类儿童布绒玩具虽然加入了各种动态和游戏，拓展了静态类儿童布绒玩具的游戏功能，有益于促进儿童的全面发展，但这并不意味着静态类儿童布绒玩具是落后、可以被淘汰的，动态类儿童布绒玩具是永远都不能取代静态类儿童布绒玩具的。一方面，要满足儿童对情感陪伴的需求，静态类儿童布绒玩具足矣，不需要具备过多功能。另一方面，动态类儿童布绒玩具需要儿童具有一定的认知基础才能操作，而对年龄太小的儿童来说，他们操作不了，因此静态类儿童布绒玩具更适合他们。

拓展阅读

1．余宇，师宏，杨向东．论东莞玩具产业升级的设计创新之路[J]．包装工程，2009，30（1）：213-215．

2．秦金亮．儿童发展概论[M]．北京：高等教育出版社，2008．

思考与练习

1．新媒体时代下的儿童布绒玩具有哪些典型特征？

2．请针对 4 种不同类别的典型的儿童布绒玩具进行调研和分析，具体要求如下。

（1）收集的资料要具有代表性。

（2）分析要比较深入。

第二章 儿童布绒玩具设计师应具备的素质

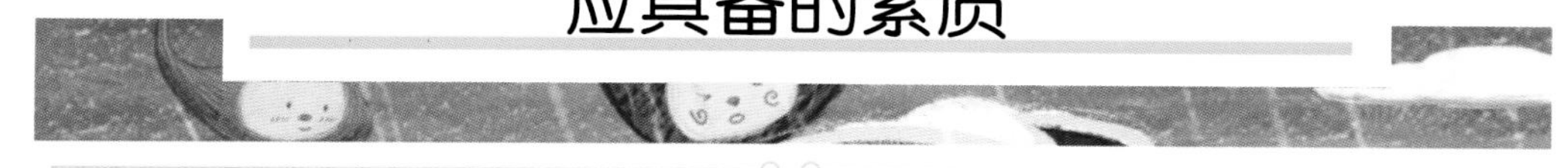

导读：

通过学习本章，学生应了解作为一名合格的儿童布绒玩具设计师必须具备的素质，主要包括了解儿童与儿童游戏、具有创造性设计思维、具有数字化设计能力、了解儿童布绒玩具的制作工艺等。

第一节 了解儿童与儿童游戏

一、儿童发展的特点

儿童发展研究是一个融合心理学、教育学及神经科学等多学科的跨学科领域，从事专业理论研究之外的相关实践者很难系统而深入地了解儿童发展的特点。为深入贯彻《国家中长期教育改革和发展规划纲要（2010—2020 年）》和《国务院关于当前发展学前教育的若干意见》（国发〔2010〕41 号），为指导幼儿园和家庭实施科学的保育与教育，促进幼儿身心全面和谐发展，中华人民共和国教育部于 2012 年颁布了《3—6 岁儿童学习与发展指南》。《3—6 岁儿童学习与发展指南》很容易理解，已

有研究也可以对其进行充分支持与论证。最初,《3—6 岁儿童学习与发展指南》主要用于幼儿园和家庭,随着社会对儿童教育的高度关注,渐渐地,各种类型的幼教机构,以及从事儿童用品研发的相关人员也都以它为基础,开展各种工作。《3—6 岁儿童学习与发展指南》是相关从业人员的实践原则,也是儿童布绒玩具设计师的实践原则,从中不难看出儿童发展有 4 个突出的特点。

1. 儿童学习与发展的整体性特点

儿童的发展包括身体、认知、情感、社会性、文化性 5 个方面的协调发展。一个方面的发展和学习与其他方面密切相关、相互影响。儿童的发展是一个整体性的发展,我们要注重不同方面之间、目标之间的相互渗透和整合,促进儿童身心的全面协调发展,而不应片面追求某一个方面或几个方面的发展。

2. 儿童发展的个体差异性特点

从纵向维度来看,儿童的发展是一个持续、渐进的过程,同时表现出一定的阶段性特征。不同儿童在沿着相似进程发展的过程中,各自的发展速度和到达某一水平的时间不完全相同。我们要充分理解和尊重儿童发展进程中的个别差异,支持和引导他们从原有水平向更高水平发展,按照自身的速度和方式到达《3—6 岁儿童学习与发展指南》所呈现的发展阶梯,切忌用一把“尺子”衡量所有儿童。

3. 儿童的学习是以直接经验为基础,在游戏和日常生活中进行的

我们要珍视游戏和生活的独特价值,创设丰富的教育环境,合理安排一日生活,最大限度地支持和满足儿童通过直接感知、实际操作和亲身体验获取经验的需求,严禁揠苗助长式的超前教育和强化训练。

4. 儿童在活动过程中表现出的积极态度和良好行为倾向是终身学习与发展所必需的宝贵品质

我们要重视儿童的学习品质,充分尊重和保护儿童的好奇心及学习兴趣,帮助儿童逐步养成积极主动、认真专注、不怕困难、敢于探究和尝试、乐于想象和创造等良好的学习品质。忽视儿童学习品质的培养,单纯追求知识技能学习的做法是短视而有害的。

儿童布绒玩具设计师只有在了解儿童的基础上进行设计,才能设计出符合儿童身心发展特点,有助于促进儿童发展的儿童布绒玩具。儿童布绒玩具设计师在了解儿童发展的特点后,应针对儿童发展的目标及发展的阶段性特征进行设计,否则,很容易出现鸡同鸭讲的局面,同时给环境与社会造成不必要的资源浪费。

二、支持儿童发展的游戏

儿童是在玩游戏中成长的。支持儿童的全面发展可以从横向与纵向两个维度进行分析。

从横向维度看，儿童发展是多方面整体性的协调发展，因而实现儿童的全面发展离不开各类游戏的支持。学术界为了便于对儿童发展进行深入且细致的研究，将儿童的发展分为身体、认知、情感、社会性、文化性 5 个方面。由《3—6 岁儿童学习与发展指南》可知，幼儿园的游戏是儿童的基本活动，游戏主要包括健康类游戏、语言类游戏、社会类游戏、科学类游戏、艺术类游戏 5 种，且落实到了具体的教学活动中，不偏不废。可见，只有均衡开展 5 种游戏，才能促进儿童全面发展，这是经过学术界论证并得到广泛认同的观点与事实。玩具是游戏的工具，著名教育家陈鹤琴先生曾说过，儿童只有通过玩具才能玩起来。由此可推演出，儿童玩具必须具有可开展多种游戏的功能，才能满足儿童全面发展的需求，才能发挥它应有的价值。儿童布绒玩具自然也不例外，虽然儿童布绒玩具因其自身特点，与其他类型的玩具相比在游戏方面有其优势和局限性，但儿童布绒玩具设计师一定要有促进儿童全面发展的意识，并且用该意识指导儿童布绒玩具设计。

从纵向维度看，儿童的学习和发展应该以已掌握的能力、技巧和知识为基础，在许多方面都要遵循一定的顺序（一般遵循由低到高的顺序），因此纵向维度的发展主要指儿童在关键期的发展。儿童的发展虽然是整体性的全面发展，但是某些方面的发展在特定阶段很快，对这些方面来说，这一阶段是儿童发展的关键期，错过这个阶段，虽然后期可以弥补一些，但效果要差得多。由于儿童在成长过程中的各个方面的发展在不同年龄段具有不同的特点，因此儿童布绒玩具设计师既要注意儿童不同方面的整体性协调发展，又要根据儿童发展的关键期进行设计（具体内容参见第三章中的适年性原则）。

第二节　创造性设计思维

具有创造性设计思维是儿童布绒玩具设计师的基本专业素养。要理解创造性设计思维，就要厘清创造性与创造性思维的概念和关系，并在此基础上，进一步对创造性设计思维展开分析。

创造性（Creativity）一般是指个体能产生新奇、独特的，具有社会价值的方法、产品等结果的能力或特性，也称创造力。新奇、独特意味着前人未曾做过，具有社会价值意味着创造的结果具有实用价值或学术价值、道德价值、审美价值等，如发明创造、科学

发现、艺术创作等都是典型的创造性活动。

创造性思维（Creative Thinking）是一种具有开创意义的思维活动，即开拓人类认识新领域，开创人类认识新成果的思维活动。它往往表现为发明新技术、形成新观念、提出方案和决策、创建新理论等。创造性思维不是单一的思维方式，而是以各种智力与非智力因素为基础，在创造性活动中表现出来的具有独创性的、能产生新成果的、高级的、复杂的思维活动，是整个创造性活动的实质和核心。从广义上讲，创造性思维不仅表现为有了新发现和做出新发明的思维过程，还表现为在思考的方法和技巧上、在某些局部的结论和见解上具有新奇、独到之处的思维活动。创造性思维广泛存在于政治、军事决策、生产、教育、艺术及科学研究活动中。创造性能力以创造性思维为核心，所以学校教育常常从培养创新意识和训练创造性思维等方面入手来培养学生的创造性能力。

创造性设计思维是利用创造性思维实现某一具体设计目标的思维方式。创造性设计思维是高级而复杂的思维方式，涉及社会科学、自然科学因素，也涉及人的复杂心理因素，所有这些客观因素和心理因素相互联系、相互诱发、相互促进，从而使创造性设计思维构成一个独特的动态心理系统。

创造性设计思维主要以逻辑思维和形象思维为基础。逻辑思维是线性的、抽象的，是思维种类中最遵守规则的一种思维，是设计的理性支撑。它就像一个箭头，指引着思考者走向目的地。如果设计师缺乏逻辑思维，就会割裂设计目标与设计过程，在获取资料和整合资料时也会变得漫无目的。形象思维又叫艺术思维，是凭借事物的形象，对形象予以升华，或对形象予以分解、重组等，形成新的思路或具体形象的一种思维。形象思维在创造性设计思维中占有重要地位，是设计中特有的思维方式，是对设计的感性表达。对设计师来说，它能使头脑中的概念直观化，即完成从概念到形象的直接转化；对受众来说，它能引起受众的联想，与设计师的设计意图产生心理共鸣。在设计过程中，设计师一般从逻辑思维入手，以摸清设计的主要问题，打开设计思路。但是，逻辑思维与形象思维并不是界限分明的，而是常常交织在一起的。在具体设计中，谁先谁后并不是问题的关键，重要的是要把二者统一起来进行设计。

创造性设计思维的主要形式表现为发散性思维和收敛性思维。发散性思维和收敛性思维是形成最佳设计方案的关键因素。

一、发散性思维——从不同角度展开多维设计

发散性思维是一种不依常规、寻求变异，从多方面寻求答案的思维方式，是创造性思维的中心环节，是探索最佳方案的必经之路。发散性思维越好，设计师的思维越开阔，找到的设计预案越多，选择最佳方案的可能性就越大。

1. 发散性思维的3个特征

（1）流畅。流畅是指心智活动畅通少阻，灵敏、迅速，能在短时间内表达较多的概念和符号。

（2）变通。变通是指思考能随机应变，触类旁通，不局限于某个方面，不受消极定势的局限。

（3）独特。独特是指从新角度、以新观点去认识事物和反映事物，对事物表现出超乎寻常的独到见解。

由于设计的问题求解是多向和不定性的，没有唯一解，因此设计师需要运用思维发散性原理，从若干试误性探索方案中寻求一个相对合理的解决方案。如果思维发散的量越大，即思想越活跃、思路越开阔，有价值的解决方案出现的概率就越大，就越能使问题求解顺利实现。

思维发散的量固然会影响问题解决方案的质，但是，思维发散方向对创造性设计思维起着支配作用。因为不同思考路线（不同思维发散方向）会使求解结果在不同程度上出现质的变化，从而使不同的解决方案得以产生。

2. 发散思维的3种方向

（1）同向发散。同向发散即从已知设计条件出发，按大致定型的功能关系使思维沿着同一方向发散。发散的结果是得出大同小异的若干方案。图2-1所示的是3个分别结合不同的角色形象设计的关于鸡的儿童布绒玩具，分别是小丑鸡、口袋鸡、卓别林鸡。虽然这3个儿童布绒玩具形象在身份、细节、色彩等方面各不相同，但是从设计方法这个角度看，它们都被夸张与变形成胖乎乎的球体。因此，从设计的本质特征看，这3个儿童布绒玩具都属于思维同向发散的结果，只是表现形式有所差别。

图2-1　3个分别结合不同的角色形象设计的关于鸡的儿童布绒玩具

（设计者：浙江师范大学儿童发展与教育学院动画专业2014级杨玲玲、唐钱卿、贾薇颖）

（2）多向发散。多向发散即根据已知条件，从个别因素出发，使思维沿着不同方向发散。发散的结果是得出各具特色的方案。图 2-2 所示的 3 个儿童布绒玩具分别为喜爱运动的嘎子鸡、优雅的鸡皇后、呈爱心形状的爱心鸡，这 3 个儿童布绒玩具分别是思维沿着 3 个方向进行发散的结果，差别较为明显。

图 2-2　沿着 3 个方向进行思维发散而设计出的儿童布绒玩具

（设计者：浙江师范大学儿童发展与教育学院动画专业 2014 级夏璨、郑心安、鲁玲瑶）

（3）逆向发散。逆向发散即根据已知设计条件，打破习惯性思维方式，变顺向思考为逆向思考，常常可以引导人们从事物的另一端披露其本质，从而弥补单向思维的不足。发散的结果往往是产生人们意料不到的特殊方案。逆向发散是与同类产品形成差异化的有效思维方式。例如，儿童布绒玩具一般给人柔软、可爱的印象，但有些儿童布绒玩具设计师反其道而行之，如把儿童布绒玩具设计成方形的（见图 2-3），彻底改变了一般儿童布绒玩具的形象特征。一般偏圆的形状给人的感觉是柔软，将儿童布绒玩具设计成这种形状的，比较受儿童欢迎；而方形给人的感觉是硬朗、干脆利落，似乎与儿童布绒玩具无关。图 2-4 所示的也是一个利用逆向发散思维设计出的儿童布绒玩具。一般来说，人们印象中的小猪是圆滚滚、胖乎乎的，但这个儿童布绒玩具小猪非常纤细，给人的感觉很特别。有的作品追求以丑为美，也是一种思维逆向发散的结果。图 2-5 所示的儿童布绒玩具——小丑虽然不太好看，却丑得很可爱。儿童布绒玩具设计师进行不合常规的设计往往能产生意想不到的效果，可以满足不同儿童的心理需求。

图 2-3　图像素鸡

（设计者：浙江师范大学儿童发展与教育学院动画专业 2014 级斯珂琦）

图 2-4　粉红猪

图 2-5　小丑

（设计者：浙江师范大学儿童发展与教育学院动画专业 2019 级卢钱琪）

二、收敛性思维——根据核心诉求聚焦项目设计

收敛性思维又称集中思维、复合思维、求同思维，是指针对目标对象，调动和组织一切可以利用的资源、力量、办法、与问题有关的信息，按照特定的思维中心展开理性推理，以探求答案，把问题由面引到点的思维方式。收敛性思维的核心是对信息进行判断和选择。

如果说发散性思维是对求解途径的一种探索，那么收敛性思维则是对求解答案做出的决策，属于逻辑推理范畴。它对发散性思维的若干思路及所产生的方案进行分析、比较、评价、鉴别、综合，使思维相对收敛，有利于做出选择。这两种创造性设计思维往往都要经过“发散—收敛—再发散—再收敛”这样一个循环往复的过程，才能使问题得到圆满解决。这是创作过程中思维活动的一条基本规律。

创造性设计思维的最大阻碍是思维定式，它常常会成为创造性设计思维的桎梏。设计师都希望自身具有创造性设计思维，但是，由于受思维定式的影响，设计师的设计方案往往千篇一律。其原因是多方面的，主要原因是思维的僵化，反映在两个方面。一方面，因经验而对事物形成固定化的认识。经验对一个人的创作来说无疑是十分宝贵和重要的，但运用经验不能一成不变，倘若设计师总是习惯性地沿用以往的思维方式，就会形成先入为主的思维定式。一旦如此，就会把经验变为框框，成为束缚自己发挥创造性设计思维的消极因素。另一方面，解决途径单一化。设计师认为要解决某个问题只有一种方法，即现成的方法。其实，有时第一种方法只不过是首先想到的方法而已，如果满足于此，就会放弃对更好方法的探索。找到了妨碍创造性设计思维发挥的原因，设计师就能想办法挣脱思维定式这一桎梏，从而发挥出无穷的创作力。

儿童布绒玩具设计师也容易形成思维定式。例如，儿童布绒玩具的形象主要源自各种动物、植物形象，真实的动物、植物形象都有各自的外形特点，儿童布绒玩具设计师在设计时很容易受这些特点的影响，不敢对形象进行夸张与变形。另外，儿童布绒玩具设计师还容易受现有的产品形象的影响，在自己还不知如何设计的情形下，便让现有的产品形象先入为主，导致自己难以创新。儿童布绒玩具设计师要突破思维定式，形成较强的综合素养，让不同领域的知识引领自己展开想象的翅膀。如果儿童布绒玩具设计师的素养单一，设计起来就会大脑一片空白，很难突破思维定式。

第三节 数字化设计能力

如今，对儿童布绒玩具产业影响最大的是计算机设计、造型与开版技术的发明和利用。设计、造型与开版是儿童布绒玩具研发的过程，无论是传统的还是现代的，儿童布绒玩具研发的过程都是相似的，只不过采取的方法与手段有很大的差异。在计算机还没有普及的年代，儿童布绒玩具设计流程中的许多环节是通过手工完成的。例如，在构思与设计环节，设计方案的视觉化表达主要是通过手绘完成的。儿童布绒玩具设计师先手绘设计稿，再根据造型特点手绘儿童布绒玩具不同角度的形象，给人一种立体的印象，以便为开版环节做准备。在制作环节，儿童布绒玩具的开版与版型制作等工作主要是由经验丰富的制版师完成的。开版是制作版型的基础，开版准确了，就能确定大批量生产的版型。开版是指针对一个儿童布绒玩具平面形象的外形与结构，画出能还原儿童布绒玩具立体造型的纸样，将依据纸样裁剪的面料进行缝合、填充成型。由此可见，在儿童布绒玩具设计中，开版是一个非常重要的环节，是一个将设计方案转化成产品的关键环节。开版不准会直接导致做出来的产品与设计方案不一致。在传统的儿童布绒玩具企业中，开版工作主要由经验丰富的制版师负责。制版师主要结合设计方案，根据已有的经验进行开版。虽然制版师的经验丰富，但他们估算的纸样尺寸往往会有误差，需反复修版，直至根据纸样做出来的产品与设计方案一致。由此可见，产品研发的周期较长，将严重阻碍儿童布绒玩具产业的发展。

随着数字化设计技术的发展，儿童布绒玩具进入数字化设计的时代。如今，大量的工作可以利用数字化设计技术完成，大大提升了儿童布绒玩具的研发效率。在设计流程中，利用计算机可以快速生成多个设计方案，而且儿童布绒玩具不同角度的立体造型可以被直观地展现；在制作流程中，计算机开版技术的发明大大提升了产品研发的速度。相关调研结果显示，虽然数字化设计技术在儿童布绒玩具产业应用的时间较短，但有较多儿童布绒玩具企业已经慢慢意识到它的优越性，并在招聘儿童布绒玩具设计师时优先考虑能用计算机进行儿童布绒玩具设计的人才。随着数字化设计技术在儿童布绒玩具产业应用的不断深入，数字化设计能力将成为儿童布绒玩具设计师能否适应时代发展、满足儿童布绒玩具产业需求的重要能力之一。

一、数字化设计技术在儿童布绒玩具产业的运用现状

数字化设计技术是伴随着国内玩具企业自创品牌之风的兴起而逐步形成的。我国的玩具产业虽然起步较早，但初期主要以 OEM（Original Equipment Manufacturer，原始设备制造商）的形式为国外品牌代工。随着全球经济的发展，我国的玩具产业逐步开始转型升级，其中最为突出的表现是我国的玩具企业注重研发自己的产品，因此相对于外国知名的玩具企业，玩具设计在我国起步较晚。在这种背景下，儿童布绒玩具产业以手工为主的传统研发模式面临着新的机遇与挑战。随着科技的发展，数字化设计技术已被广泛应用于各行各业，设计领域自然也不例外。例如，数字化设计技术在 20 世纪 90 年代就已经被运用到服装设计中。在 21 世纪初，Pro/E、SolidWorks 等软件开始被引入塑胶玩具、木制玩具的设计中，但儿童布绒玩具的数字化设计技术一直未取得突破性的进展。然而，随着计算机相关技术的发展及其与不同领域的对接，儿童布绒玩具的数字化设计技术已日渐成熟。目前，主要用于效果图绘制及包装设计的 Photoshop、Illustrator 等平面创意软件是儿童布绒玩具设计企业使用最多的。行业内使用较多的儿童布绒玩具专用软件有咔咻玩具算料系列软件、图易玩具设计系列软件。前者主要用于解决儿童布绒玩具的手工排料及报价等难题；后者是专门针对儿童布绒玩具产业的特点与需求开发的，功能更为强大——可以完成儿童布绒玩具设计、造型、开版与算料等不同环节的所有工作，已被许多高校及儿童布绒玩具企业使用。

目前，数字化设计技术已经基本覆盖了儿童布绒玩具设计与生产的各个环节。虽然设计环节依然离不开手绘与其他软件的运用，但专业的数字化设计软件无疑使儿童布绒玩具设计师的创新思路更加开阔。特别是在生产环节，数字化设计技术为儿童布绒玩具产业的转型升级与快速发展提供了有力的技术保障，数字化设计技术的巨大价值正在日趋得到关注与重视。

二、提升数字化设计能力的必要性

早期的儿童布绒玩具产业主要存在产品研发周期长、成本高等问题，产生这些问题的主要原因有两个。首先，传统的手工模式导致从业人员之间存在认知壁垒，处于相互割裂状态，严重影响工作效率。儿童布绒玩具设计师擅长设计、画效果图，却不了解儿童布绒玩具的制作工艺。儿童布绒玩具设计师制作的平面设计图往往不能真正地做到直观可视，那么在其基础上设计的纸样的精度就比较低。制版师主导开版与制版等制作流程，他们虽在开版与制版方面经验丰富，但对设计比较陌生。再加上制版师主要凭经验开版、

制版，很容易导致制作出来的小样与设计方案不一致，因此经常出现多次改稿的状况，导致设计方案落地比较困难、批量生产成本过高等问题。

其次，传统的手工模式也导致了相关技术人员的培养周期长、培养成本过高等问题。早期的儿童布绒玩具产业在制作工艺方面主要采用师傅带徒弟的模式传承制作工艺，特别是开版与制版技术。开版与制版主要是将二维平面设计图想象成三维立体造型，直接将纸样画出来，这就要求制版师必须具备非常好的空间想象能力和丰富的实践经验，而这恰恰需要通过长期的实践才能获得。因此，培养一名优秀的制版师一般需要 5 年甚至更长的时间。这个过程比较漫长，企业需要投入大量的人力、物力和财力。

数字化设计技术的应用可大大缩短人才培养的周期，缩短产品研发周期，降低研发成本，提高产品研发效率。儿童布绒玩具的数字化设计软件覆盖了从玩具创意、设计表现到产品实现的全过程（主要包括二维创意效果图绘制、三维立体建模设计、开版及工艺设计、成本核算、产品包装设计等），将数字化设计技术、创意设计与工艺设计完美结合，使用起来非常方便快捷。因此，儿童布绒玩具设计师可以利用计算机完成工艺设计环节的工作，数字化设计技术的应用使儿童布绒玩具设计师与制版师成功合体，减少了沟通、改稿等流程，大大缩短了产品研发周期。当然，儿童布绒玩具设计师还需略懂缝纫工艺，才能更加高效地完成设计、开版与制版等一系列工作。

目前，数字化设计已有逐步取代传统手工模式的趋势，而且许多儿童布绒玩具企业正处在转型升级的关键阶段，需要大量能在产品研发方面快速输出的专业人才。因此，数字化设计能力是未来儿童布绒玩具设计师必须具备的专业能力。

三、提升数字化设计能力需掌握的知识技能

儿童布绒玩具设计师要提升数字化设计能力，就需要掌握比较系统的知识技能。由于儿童布绒玩具的数字化设计需要创意设计、工艺设计、制作工艺等不同领域之间的交叉与融合，因此儿童布绒玩具设计师为了更有效地提升这种数字化设计能力，就要对基础设计软件与专业设计软件都进行系统的学习。如果能结合儿童布绒玩具实际项目进行学习，就能快速掌握与提升儿童布绒玩具数字化设计的知识技能。

1．基础设计软件的操作技能

基础设计软件也可以称为通用软件，是不同领域都需要掌握的软件。例如，Photoshop、Illustrator 等软件，它们不仅能应用于儿童布绒玩具设计领域，还可以应用于其他设计领域，如视觉传达设计、环境艺术设计、服装设计等领域。在儿童布绒玩具设计中，基础设计软件主要用于创意设计及包装设计等环节，这些软件中的工具不仅可以形象逼真地画出儿童布绒玩具的造型，还可以呈现不同材料的质感。

2．专业设计软件的操作技能

目前，图易玩具设计系列软件可以作为提供儿童布绒玩具设计一体化方案的首选软件。图易玩具设计系列软件由杭州力孚信息科技有限公司研发，界面简单，操作灵活，可以很好地满足儿童布绒玩具设计、开版、算料等全流程的需求。图易玩具设计系列软件包括图易三维造型软件、图易开版软件和图易算料软件。图易三维造型软件采用三维设计技术，可快速设计玩具的3D模型；在绘制缝合线之后，利用图易开版软件可以进行自动开版；利用图易算料软件，在经过简单操作后可以自动计算玩具的成本。将3个软件结合使用，无须试做样品就能实现玩具的准确报价。图易玩具设计系列软件简单、易学、快捷、准确。

1）图易三维造型软件的特点

第一，草图式造型方法——简单易学、快速设计。

图易三维造型软件最大的特点是采用草图式造型方法。其基本操作是绘制二维轮廓线，直接生成三维模型。采用可编辑的草图绘制方式，可以快速而准确地生成三维模型。图易三维造型软件中的大部分操作都采用平面的方式实现三维操作。复杂的三维模型可以通过一系列的操作组合而成。草图式造型方法简单易学，即使是没有相关经验的初学者，也可以在短时间内学会并熟练掌握图易三维造型软件的操作方法。利用草图式造型方法可以快速地完成三维模型的造型。与其他3D软件相比，图易三维造型软件在设计效率上有着很大的优势。

第二，三维彩绘——直观、快捷。

三维彩绘是图易三维造型软件的一个重要功能。利用三维彩绘可以直接在三维模型的表面上绘制图案。现有的3D软件一般采用纹理贴图的方法显示材料的图案，这需要一系列复杂的操作来实现，影响了交互的友好性和设计师创意的发挥。图易三维造型软件采用在三维模型的表面上直接绘制图案的方法，实现基本的绘图操作（包括填充、取色、绘制曲线、贴图等），从而简化了传统的纹理映射方法，使得画图操作简单、直观。

第三，部件库——自由搭配、设计重用。

为了提高设计效率，图易三维造型软件提供了部件库的功能。所谓部件库，是指用于存放那些常用模型的三维模型的模型库。对于每一个模型，都将它分解为多个部件，将部件进行组合就可以形成一个新的完整的三维模型。每个部件的大小、位置和角度都可以自由改变。利用部件库可以在很短的时间内设计出一个新的模型。对同一类三维模型来说，将第一个模型的三维形状设计好并存放到部件库中，在设计其他类似的模型时，只需从部件库中取出相应的部件进行修改和组合即可，从而可以避免重复设计，极大地提高设计效率。

第四，读入平面设计图——设计有参考。

图易三维造型软件可以读入平面设计图，作为背景图，为三维模型设计提供参考，从

而可以准确地控制三维模型的形状、比例。在绘制三维模型时，只需沿平面设计图的轮廓描绘，就能生成与平面设计图一致的三维模型，使得三维模型的形状容易被把握。另外，平面设计图的图案也可以作为纹理被直接映射到三维模型上。图易三维造型软件支持各种格式的图像。作为背景图，图片可以被移动、缩放和旋转。

第五，通用格式——兼容 3D 软件。

图易三维造型软件可以输出带颜色的 OBJ 与 STL 格式的文件，该格式是 3D 软件通用的文件格式。因此，使用图易三维造型软件设计的模型可以被导入其他 3D 软件中，被用于进一步的动画设计或渲染。另外，用其他 3D 软件设计的模型被保存为 OBJ 格式的文件也可以被导入图易三维造型软件中，进行修改与编辑。图易三维造型软件与其他动画及渲染功能强大的 3D 软件配合使用，可以缩短造型设计的时间，提高设计效率。

在儿童布绒玩具的设计中，儿童布绒玩具设计师可导入平面设计图，利用图易三维造型软件建立儿童布绒玩具的三维模型，也可以直接在图易三维造型软件中进行设计。儿童布绒玩具设计师在利用草图工具建模和贴图上色后，就可以在计算机中呈现模拟的三维造型效果图，而且能从不同角度观察模型的外形、比例与结构，如果发现设计方案有问题，就可以在此基础上修改设计方案。儿童布绒玩具设计师利用图易三维造型软件设计能较为快速、准确地表达自己的创意，使设计方案比较直观、形象。

2）图易开版软件的特点

手工开版对设计师的空间想象能力和实践经验有非常高的要求。一般来说，要熟练掌握手工开版的方法，设计师需要用几个月甚至长达几年的时间进行反复练习。图易开版软件采用计算机自动将三维模型的表面展开为二维的纸样的方法，对设计师的空间想象能力没有非常高的要求。开版时的主要工作是在三维模型的表面上绘制合理的缝合线，至于纸样是怎样的，就交给计算机去处理了。图易开版软件提供了一些非常简单、方便的工具，初学者可以在几小时之内学会操作该软件。

除了容易掌握和使用，相对于手工开版，计算机开版还有其他优势。

第一，计算机开版可以在短时间内完成。一般来说，从设计缝合线到展开全部纸样，只需要花费半小时。每片纸样的展开都可以在数秒内完成，其中的主要工作是绘制缝合线。手工开版需要设计师经过测量和空间想象后进行仔细计算才能完成，其速度无法与计算机开版比拟。

第二，计算机开版有非常高的精度，基本可以做到一次成型，从而可以减少试做的时间和耗费材料。而采用手工开版的方法，往往需要多次修版才能获得满意的结果。

第三，修改方便。采用手工开版的方法，如果需要改变产品的尺寸或者部分裁片，就需要对纸样做比较大的改动。而采用计算机开版的方法，可以直接改变模型的尺寸，纸样的尺寸会自动被修改。如果仅仅是修改部分纸样，那么只需要修改相关的缝合线，重新展开曲面即可。采用计算机开版的方法可以方便地管理数据，方便相关人员进行交流。而采用手工开版的方法，则需要保留大量的纸样，既不利于管理纸样，又不利于交流。

由此可见，与手工开版相比，计算机开版有着较大的优势。但是，计算机开版出现的时间较短，因此部分设计师对其存在一些误解，认为计算机开版会取代他们的工作。实际上，在产品设计中，设计的知识与经验是最为重要且必不可少的，计算机开版只是提供了一个快速设计的工具。设计师如果能掌握计算机开版的方法，那么不仅可以提高设计效率，还能设计出更高质量的产品。图易开版软件简单易学，设计师可以在短时间内熟练掌握该软件的操作方法。

图易开版软件解决了初学者的难题。对仅擅长设计、画效果图的学生来说，工艺设计是整个设计流程中最难的环节，但是，如果学会了操作图易开版软件，就可以轻松完成工艺设计了。在图易开版软件中导入用图易三维造型软件完成的模型，就可以设计纸样形状，展开纸样，排版、打印纸样，从而得到裁剪面料的版型。图易开版软件的精度比较高，容易一稿定型，只需要设计师掌握基本的开版知识，不需要在设计流程中反复修改，可以大大提高工作效率。利用图易开版软件开版与手工开版的比较如表 2-1 所示。

表 2-1　利用图易开版软件开版与手工开版的比较

比较项目	利用图易开版软件开版	手工开版
难易程度	只需要设计师掌握基本的开版知识，对设计师的开版经验及空间想象能力没有非常高的要求	对设计师的实践经验和空间想象能力有非常高的要求
操作性	操作非常简单。设计师只需在计算机中绘制缝合线，由计算机自动生成纸样，由打印机打印纸样即可	操作较复杂，需要设计师凭经验想象纸样的形状，并通过手绘进行测量和绘制纸样
易学性	设计师在熟悉基本的开版知识后，模仿案例演示流程，很快就可以学会操作	设计师需要进行长时间的学习与实践，才能逐步设计出较好的纸样
开版精度	精度较高，可以做到一次成型	只有经验丰富的设计师才能做到纸样一次成型
开版速度	非常快，在三维模型做好后，半小时左右即可完成开版	比较慢，即使经验丰富的设计师也需要两小时以上的时间
修改便捷性	修改方便。模型的尺寸、缝合线等可在计算机中进行修改，计算机可自动生成新的纸样	在改变产品的尺寸后，需要手工缩放纸样，并且需要经过精细的计算，再手工完成新的纸样。如果要修改缝合线，就需重新开始
纸样管理	以电子文档形式进行存储，管理方便	人工管理，需保留所有图纸，还要避免纸样受潮发霉等现象发生
客户交流	计算机可提前直观展示产品效果，方便设计师与客户进行交流	不方便，需花费较长时间制作出成品，才能让设计师与客户进行交流

3）图易算料软件的特点

图易算料软件是专门针对布绒玩具而研发的成本估算软件。该软件不仅具有算料的功能，还具有纸样设计、纸样管理和工艺管理的功能，为布绒玩具的算料与工艺管理提供了自动化的解决方案。该软件具有快速、准确、功能丰富、智能性强、操作简单的特点。该软件可以单独使用，也可以与图易三维造型软件和图易开版软件结合使用。图易算料软件具有以下特点。

第一，多种数据输入方式。

纸样的数据输入方式有 3 种：计算机开版数据、扫描输入和通过 DXF 格式的文件输入。图易算料软件可以读入图易开版软件设计的纸样数据直接进行算料，也可以用扫描的方法对手工设计的纸样进行算料。不同的企业对算料的精度和速度有不同的要求，可以选用不同纸样的数据输入方式。将该软件与图易三维造型软件、图易开版软件结合使用，无须试做样品就能实现对玩具进行准确报价。图易算料软件还提供纸样设计的功能，可以直接设计二维的玩具纸样。

第二，多项成本估算。

图易算料软件不仅可以估算面料的用量，还可以估算车缝工时、填充料的用量和缝合线的长度。其中，车缝工时是玩具成本估算中最难准确估计的部分。图易算料软件根据玩具缝合线的长度、纸样的数量和形状，推导出一套科学的计算公式，能够自动估算车缝工时。填充料的用量和缝合线的长度可以根据三维玩具的体积及纸样的边界长度计算出来。

第三，快速、准确的排版算料。

图易算料软件提供单排与组合排两种算料排版方式，可以自动算出纸样排列最紧凑的方式。单排是单片排版的简称，这种排版方式能够自动进行嵌套与余幅利用，并且可以让用户根据实际需要选择合适的排列方式。对于特殊的纸样，设计师可以进行手动调整来获得最佳的排版效果。对于刺绣的纸样，设计师可以进行单独的特殊排版。针对激光切割机，图易算料软件提供排版模拟的功能，自动计算利用率最高的排版方式，排版的结果可以被激光切割机直接利用。

第四，算料与工艺管理有机结合。

工艺管理是玩具生产中的一个重要环节，与用料成本有着密切的联系。在图易算料软件中，工艺管理包括排版切割、缝合示意图绘制、工序成本计算和工艺单管理。图易算料软件将工艺管理与算料有机地结合在一起，实现数据的无缝连接，减少了中间环节和人工，从而提高了效率、降低了成本。

第五，建立电子样品间，有效管理纸样。

在将纸样输入计算机后，设计师可以将玩具、纸样、报价、工艺等信息保存到数据库中，便于管理。将纸样保存到纸样库中，可以用于新玩具的设计。图易算料软件提供纸样编辑、纸样放码和纸样打印的功能，可以将纸样的尺寸任意放大或缩小，生成不同尺寸的纸样，并按同比例打印出来，不受使用复印机进行纸样放码的尺寸限制。在改变尺寸后，图易算料软件可以立即更新算料的结果。

图易算料软件解决了批量生产中关于材料准备、成本核算等问题。利用图易算料软件，可以快速、高效地演示各类布绒玩具的排料方法，以及排版切割、缝合示意图绘制、工艺单管理等，完成工艺设计及成本核算等工作。将算料与工艺管理有机结合，不仅方便快捷，可以提高生产效率，还能降低生产成本。

第四节　儿童布绒玩具的制作工艺

儿童布绒玩具设计师必须了解基本的制作工艺，才能设计既有独特创意，又能产品化的作品。儿童布绒玩具设计师在设计儿童布绒玩具时，如果对儿童布绒玩具的制作工艺一无所知，就会影响设计方案的落地，会提高生产成本，造成资源浪费，还会产生挫败感，严重影响自己对儿童布绒玩具设计的兴趣与激情。儿童布绒玩具的制作工艺主要包括开版与缝纫，开版与缝纫密不可分。在流程上是先开版，后缝纫，但是在开版时，儿童布绒玩具设计师必须了解一定的缝纫工艺，才能正确开版。虽然前面已经阐述了在儿童布绒玩具的数字化设计中可以利用软件进行开版，但因为软件毕竟只是一个辅助工具，所以儿童布绒玩具设计师还需要掌握一定的缝纫知识。

儿童布绒玩具设计师必须首先了解儿童布绒玩具制作工艺的基本特点，在此基础上，再了解关于儿童布绒玩具制作工艺方面的特殊要求。

一、儿童布绒玩具制作工艺的基本特点

1. 从平面到立体

儿童布绒玩具制作是一个将平面的材料制作成立体的作品的过程。任何面料都是平面的，而儿童布绒玩具制作就是要利用开版知识和一些缝纫技巧，用平面的面料制作出一个立体的作品。儿童布绒玩具设计师通过平面图形，设想并绘制形象的三视图，做到对儿童布绒玩具的立体造型心中有数，并利用相关软件制作出立体模型；通过计算机开版，将儿童布绒玩具的表面划分成若干局部，每个局部都对应着裁剪面料；通过缝纫技术，把每一片面料都按照开版的布局缝合成一个整体，最后通过填充，制作出一个立体的玩具。从立体空间的大小可以看出儿童布绒玩具的饱满程度。由此可见，在进行儿童布绒玩具制作时，儿童布绒玩具设计师应该时刻保持三维空间的立体思维。

2．从局部到整体

儿童布绒玩具是一个整体形象，但它是由若干局部组合而成的。儿童布绒玩具设计师在制作时，需先将每个局部都缝合成型，再将局部连接成一个整体。每个局部都是决定儿童布绒玩具整体效果的关键因素，所以儿童布绒玩具设计师在制作时一定要注意细节，如在缝合时一定要对好点位（点位是否一一对应是影响儿童布绒玩具外形效果很重要的因素）；缝合边的宽度与预设的尺寸要保持一致，并且在缝合过程中宽度要尽量保持一致，不要出现时宽时窄的现象；起针和收针要注意回针；内弧线和外弧线的弧度要均匀等。一定不能忽视局部的小问题，虽然是小问题，但累积起来就成了大问题，这样最后成型的玩具的外形会是歪歪扭扭或皱皱巴巴的。相反，当每一个细节都符合要求时，最后成型的玩具就会是形象端正、神情自如的。因此，在从局部到整体的制作流程中，儿童布绒玩具设计师要严谨、耐心，不急不躁，以便制作出满意的儿童布绒玩具。

3．细节环环相扣

儿童布绒玩具的制作流程包括多个环节，如果某个环节没有做好，就会直接影响下一个环节的顺利进行，进而会影响儿童布绒玩具的最终效果。例如，计算机造型决定了计算机开版，计算机开版决定了裁片的形状，裁片的形状会影响缝纫工艺。以缝合裁片为例，如果在缝合时，没有按预留尺寸留下缝合边，那么后面再用这一部分和其他部位缝合时，尺寸就会对不上。每个环节都是下一个环节的基础，如果某个环节的小问题没有被纠正，将就着完成了下一个环节，那么后面的环节都会比较勉强，最后制作出来的儿童布绒玩具肯定不能还原设计图，而且很有可能相差甚远，甚至惨不忍睹。例如，同样的设计方案，选择的材料不同，就会导致开版方式有所差异，最后得到的实际效果就会不同。因此，儿童布绒玩具设计师在打版时，一定要根据后期要选用的材料进行细节调整，否则会严重影响设计方案的实物呈现效果。

由此可见，在儿童布绒玩具的制作流程中，儿童布绒玩具设计师不仅要踏踏实实做好当前的工作，还要结合后面的工作来完善当前的工作，将每个环节都尽量做到严谨，若发现有问题，则应及时止损，在必要时返工。

二、基于规避安全隐患的儿童布绒玩具的制作工艺

玩具是儿童生活中的小伙伴，尤其是儿童布绒玩具，它是儿童非常亲密的“朋友”。许多儿童在吃饭、睡觉、旅行时都会带着他们心爱的儿童布绒玩具。然而，由于设计与生产过程中的一些失误，这个看似柔软的“朋友”可能会存在给儿童造成意外伤害、威胁儿童健康的安全隐患。儿童布绒玩具的主要消费群体是儿童，儿童是一个靠监护人保护的、特殊的、弱势的消费群体，他们对周围的事物及产品安全的认知有限，自我保护

意识不强，受到伤害的机会较大。《中华人民共和国未成年人保护法》第五十五条规定：“生产、销售用于未成年人的食品、药品、玩具、用具和游戏游艺设备、游乐设施等，应当符合国家或者行业标准，不得危害未成年人的人身安全和身心健康。上述产品的生产者应当在显著位置标明注意事项，未标明注意事项的不得销售。”因此，如何规范我国的玩具生产和销售，使儿童避免因玩具质量不合格而受到伤害，成为研究的重点之一。

儿童布绒玩具中的安全隐患与许多因素相关，后面在阐述儿童布绒玩具的安全性设计原则时会专门针对设计中应规避的安全隐患进行详细阐述，本节主要针对制作工艺方面的安全隐患进行探讨。

1. 缝合边宜宽不宜窄

在开版环节，儿童布绒玩具的缝合边宜宽不宜窄。因为儿童在玩耍过程中，不会像成人那样比较理智、细心，他们常常出现啃、咬、撕等行为，如果儿童布绒玩具的缝合边太窄，就容易导致儿童布绒玩具在儿童玩耍过程中裂开，使填充料漏出，进而导致儿童误食填充料或使填充料进入眼中，对儿童造成伤害。另外，很多儿童布绒玩具内置机芯，如果缝合边裂开，就会导致机芯外露。机芯是由一些金属制成的，如果被儿童接触，就会造成更大的伤害。缝合边的宽度一般以 0.8～1cm 为宜，而且针距要比平常的衣物的针距略密，这样缝合线才更为牢固。

2. 尽量减少缝合边

既然儿童布绒玩具的缝合边容易开口，那么减少缝合边就减少了儿童布绒玩具可能存在的安全隐患。儿童布绒玩具缝合边的多少主要是由其造型与开版方式决定的。一般来说，针对一个玩具造型，可以用多种方式进行开版。如果想减少儿童布绒玩具的缝合边，那么可以在开版环节仔细分析儿童布绒玩具的造型，在能够确保所制作的成品符合设计方案的基础上，选择最佳的开版方式。

3. 外部小零件一定要缝合牢固

为了满足美观性的需要，儿童布绒玩具的外部离不开一些小零件。儿童布绒玩具的外部一般包括眼珠、纽扣、拉链等小零件，这些小零件具有细小、易脱落的特性。而儿童布绒玩具的使用对象多是儿童，他们没有自我保护意识或自我保护意识不强，对儿童布绒玩具充满新鲜感和好奇心，喜欢拨弄小零件，如果小零件缝合得不够牢固，就容易脱落，倘若儿童误食这些小零件，极易对身体造成伤害，甚至威胁生命。在 2005 年国际组织公布的十大高危玩具中，易误食的玩具就有 4 个。例如，小马毛公仔上的人造纤维毛发容易脱落，可能被儿童吞下；洋娃娃沐浴套装中的洗发水的瓶盖可脱开，如果被儿童吞下，容易导致儿童窒息；喂奶 BB 公仔中的可脱式奶瓶组件易被儿童吞下。

由此可见，儿童布绒玩具的外部小零件一定要缝合牢固，避免脱落而引起儿童误食，对他们的健康产生危害。

拓展阅读

1．丁海东．学前游戏论[M]．大连：辽宁师范大学出版社，2003.
2．周玉翠．布绒玩具数字化设计教学改革初探[J]．中国轻工教育，2016（3）：57-60.

思考与练习

1．互联网时代的儿童布绒玩具设计师应具备哪些知识与技能？
2．进行发散思维练习，练习要求如下。
（1）思维具有流畅性。
（2）思维具有独特性。
（3）思维具有变通性。

第三章　儿童布绒玩具的设计理念和设计原则

▌导读：

通过学习本章，学生应了解聚焦儿童需求、弘扬民族文化的儿童布绒玩具的设计理念，了解安全性、适年性、适切性等原则在儿童布绒玩具设计中的重要性及可操作性。

第一节　儿童布绒玩具的设计理念

一、聚焦儿童需求

儿童布绒玩具是深受儿童喜爱的一种产品，几乎每个儿童都会拥有儿童布绒玩具。市场上的大多数儿童布绒玩具主要重视玩具的情感陪伴功能，而不太重视玩具的游戏功能，因此儿童布绒玩具设计师应该充分开发儿童布绒玩具的游戏功能。儿童是在游戏中成长的，因此聚焦儿童需求主要是聚焦儿童对游戏的需求，这种需求不是儿童主动表达的需求（儿童不大可能表达他们的需求），而是儿童布绒玩具设计师站在儿童发展的角度，通过理性的分析得到的答案。什么样的游戏能够促进儿童

的成长，儿童布绒玩具设计师就将这些游戏以一种适宜的方式隐含在儿童布绒玩具设计中。在儿童布绒玩具中预设游戏功能，可使儿童通过儿童布绒玩具玩游戏，在愉快的玩乐过程中获得各种体验，从而实现寓教于乐。与以往单一的玩不同，这是一种丰富的玩、沉浸式的玩。因此，儿童布绒玩具设计师要转变观念，在设计中不仅要重视儿童布绒玩具的情感陪伴功能，还要重视儿童布绒玩具的游戏功能。

二、弘扬民族文化

儿童布绒玩具设计的内容与形式要彰显本民族的文化特色，尤其是本民族优秀的传统文化与地域文化。在设计实践中践行文化性原则有利于弘扬国学，传承和发展本民族的传统文化与地域文化，促进儿童的文化性发展。儿童的文化性发展主要是指儿童在文化感知、记忆、认同、思维、自觉与沟通、融合能力，以及熏染、调适、适应能力等方面的发展。早期的国学教育将影响儿童的认知与情感，是确立儿童人格与三观的重要基础。

儿童的文化性发展尚处于初期阶段，应该让优秀的传统文化先入为主。近年来，国外的动漫文化与儿童布绒玩具产品在国内占据了较大的市场，对儿童的文化启蒙影响很大。作为未来的儿童布绒玩具设计师，我们有责任和义务在设计活动中传承和发展本民族优秀的传统文化。儿童布绒玩具的设计坚持文化性原则，这对儿童来说是一种潜移默化的国学教育。儿童是国家与民族的未来，因此儿童时期的国学教育对于国家的软实力发展具有非常重要且深远的战略意义。儿童布绒玩具是儿童十分喜爱的一种玩具，在儿童布绒玩具中融入民族文化，对于培养儿童的文化性、实现中华民族的伟大复兴、增强中国的软实力具有非常深远的现实意义与实践价值。

儿童布绒玩具是一种视觉艺术形式，也是一种适合儿童认知特点的传播媒介。儿童的形象思维能力较好，能较好地解读图形信息。在设计主题、视觉符号的选择与运用中，儿童布绒玩具设计师可以结合本民族的文化特色，设计出丰富多彩的、具有本民族文化特色的儿童布绒玩具。

儿童布绒玩具设计不仅要彰显本民族的文化特色，还要有全球化的国际视野。近年来，我国的儿童布绒玩具产业正逐步由生产大国向自主研发、自创品牌的趋势蓬勃发展，特别需要将本土化与全球化相结合。文化本土化是产品的根基与灵魂，没有本土化特色，就失去了个性化；同时，文化全球化也是民族文化的弘扬契机。从全球范围来看，随着社会、经济、科学等各方面的发展，各种观念、物质的交流十分频繁，所以儿童布绒玩具设计师要想让自己设计出的儿童布绒玩具满足这种社会与市场需求，就必须了解世界各国的文化特征，特别是其他国家儿童的发展特点与对玩具的需求，从而设计出具有国际市场竞争优势的儿童布绒玩具。

一个好的儿童布绒玩具是能够体现民族特征的，只有民族的才是世界的。但是，往往很多儿童布绒玩具容易被人遗忘，不是因为它们的设计不好，而是因为它们不具备任何民族特征，也就是缺乏文化底蕴，这样一来，在产品众多的儿童布绒玩具市场上，它们就很容易被淘汰。特别是在如今这样一个后现代多元化的社会背景下，设计中的视觉元素同质化现象严重，因此儿童布绒玩具设计师要想设计出好的儿童布绒玩具，唯有再次回到民族性的创作道路上。这里的民族性不是指用传统的表现手法去设计儿童布绒玩具，而是要让儿童布绒玩具在精神上体现民族性。

第二节　儿童布绒玩具的设计原则

一、安全性

由于儿童布绒玩具的成型过程比较复杂，因此其安全性与很多因素有关。一般来讲，儿童布绒玩具的安全性主要与设计、材料、制作工艺等因素有密切关系。前面已经探讨了制作工艺方面存在的安全隐患，本节主要针对儿童布绒玩具的设计、材料等方面探讨如何规避儿童布绒玩具存在的安全隐患。

1. 因设计引发的安全隐患

带绳线的儿童布绒玩具应引起儿童布绒玩具设计师的足够重视。带绳线的儿童布绒玩具容易形成缠绕，如果缠绕肢体，就容易导致儿童受伤，如缠绕脖子可能会勒死儿童。例如，比利时曾通报中国生产的某款玩具电话的绳子过长，存在勒死儿童的安全隐患；西班牙曾通报中国生产的某款发光溜溜球是装在一个纸盒里销售的，一盒 12 个，当儿童玩耍的时候，特别是他们把球在头周围玩耍时，绳子可能像一个套索一样缠住他们的脖子。这些事实虽然针对的不是儿童布绒玩具，但是应该能引起儿童布绒玩具设计师的足够重视。儿童布绒玩具设计师在进行设计时，如果需要设计绳线，就要考虑它可能存在的安全隐患，要在绳线的长度、结构等方面反复斟酌。

2. 因材料引发的安全隐患

儿童布绒玩具因材料而存在的安全隐患主要反映在材料及其运用等方面。儿童布绒玩具设计师主要需要考虑的因素有材料是否有异味、是否容易脱色、是否容易掉毛、是否柔软、是否便于缝合、是否表面光滑、是否容易清洗、是否带有病菌、是否含重金属、是否符合相关安全规定等。

二、适年性

由儿童发展研究理论可知，儿童是在已掌握的能力、技巧、知识的基础上进行学习和发展的，在许多方面都遵循一定的顺序，而且儿童的发展水平在不同年龄段具有不同的特点。因此，儿童布绒玩具设计师应根据不同年龄段儿童的身心发展特点进行设计。

由于不同年龄段儿童的身心发展状况各不相同，相应的游戏特点有所不同，因此不同年龄段儿童对儿童布绒玩具的需求也存在差异。适年性原则主要是指儿童布绒玩具设计师要根据儿童成长的关键期进行设计。所谓关键期，是指儿童在成长过程中，受内在生命力的驱使，在某个时间段，专心吸收环境中某个事物的特质，并不断重复实践的时期。儿童在不同阶段的关键期会表现出不同的行为特点，因此我们对其采取的教育方式与方法也应有所不同。在儿童成长的关键期，对儿童给予合适的关注和实施正确的教育，可以达到事半功倍的效果。而一旦错过儿童成长的关键期，再对儿童进行这种教育，效果会明显差很多，不只是事倍功半，甚至可能是终身难以弥补。因此，儿童成长的关键期的教育与引导对儿童一生的影响极为重要。儿童成长的关键期虽然有个体差异，但是大致相同。儿童布绒玩具设计师要关注并理解儿童成长的关键期，针对不同的关键期采取不同的设计方法。

心理学家与儿童发展专家皮亚杰的儿童认知发展理论是反映不同年龄段儿童的身心发展特点的重要研究，对不同领域的研究有着重要的启示与理论支撑作用。皮亚杰将儿童的认知分为感知运动、前运算、具体运算、形式运算 4 个发展阶段，每个发展阶段的特点都对应着不同的游戏。下面分别结合这 4 个发展阶段探讨不同时期的儿童对儿童布绒玩具的需求。

0～2 岁是儿童的感知运动发展阶段，这一阶段的游戏以练习性游戏为主。处于这一阶段的儿童，尚在语言交流的初级阶段，其认知主要依靠身体直觉，以及有意识和无意识的动作来实现。这一阶段是儿童肢体大动作发展的关键期。因此，这一阶段的主要游戏都属于练习性游戏。在这一阶段，儿童布绒玩具主要发挥情感陪伴功能，儿童只会对其做出抱、举等简单的动作。针对处于这一阶段的儿童设计的儿童布绒玩具，其造型、色彩及结构应以简洁为主。另外，考虑到安全性问题，儿童布绒玩具还应尽量减少使用塑料眼珠、纽扣、珠饰等配件，否则容易引起儿童误食等危险。

2～7 岁是儿童的前运算发展阶段，这一阶段的游戏以象征性游戏（角色扮演游戏）和结构性游戏（建构游戏）为主，直至学前末期开始减少并逐步进入结束期。这一阶段是儿童语言发展的关键期，儿童的形象思维能力较好，逻辑思维逐步形成，此时儿童具有延迟模仿的能力。此外，处于这一阶段的儿童的手部肌肉也具有一定的灵活性和协调性，他们会具备一定的动手能力，喜欢角色扮演游戏，会模仿生活中的角色给儿童布绒玩具进行装扮。因此，儿童布绒玩具除了要有情感陪伴功能，还要具备一些训练功能。例如，儿童布绒玩具设计师可为儿童布绒玩具设计一些服饰、头发，并增加一些拉链、绳结、口袋等细节，让儿童通过穿、脱、搭配衣服等来培养其生活自理能力，同时让儿童享受操作的乐趣。此外，这些设计还可以让儿童的手进行不同形式的运动，从而提高手部肌肉的协调性和灵活性。

4 岁左右的儿童有一定的生活经验，其想象力和角色表演意识较强。针对这一发展特点，儿童布绒玩具设计师可以设计仿真类儿童布绒玩具，用真实的形象吸引儿童，让儿童识别不同的形象，从而提升儿童的认知能力。皮亚杰认为，当儿童的游戏或者活动涉及物品的物理特性时，他们就开始建构关于世界的心理模型。当儿童运用真实物品建构心理模型时，学习的效果最好。对以形象思维为主的儿童来说，材料越真实，吸引力就越大。很多处于这一阶段的儿童喜欢收集某一类型的玩具，如有的儿童喜欢收集各种恐龙玩具，并能记住各种恐龙的名字；有的儿童喜欢收集各种交通工具玩具，对各种交通工具的性能如数家珍。

7～12 岁是儿童的具体运算发展阶段。处于这一阶段的儿童，其逻辑思维、语言沟通能力都很好，已经摆脱了以自我为中心的自我意识，能从他人的立场想问题，也能清晰地表达自己的观点，而且求知欲比较强，对很多事物都充满好奇心与新鲜感。因此，具有一定主题性特点的儿童布绒玩具比较适合他们。儿童布绒玩具的主题性主要是指儿童布绒玩具通过造型、服饰等方面的设计，反映了一定的主题，体现了一定的文化符号性。这类儿童布绒玩具承载着特定的文化记忆与知识，可以起到开阔儿童视野、促进儿童的认知发展、使儿童习得各种文化的作用。例如，图 3-1 所示的儿童布绒玩具——马踏飞燕是根据著名的出土文物“马踏飞燕”青铜器设计的；图 3-2 所示的儿童布绒玩具——小马以面料的色彩与图案彰显了浓郁的民族文化特色；图 3-3 所示的形象来自名著《西游记》中的唐僧师徒四人，这些儿童布绒玩具很好地表现了不同领域的中华民族传统文化。对儿童来说，这类儿童布绒玩具是很好的文化传播媒介。因此，针对处于这一阶段的儿童，儿童布绒玩具设计师可以结合不同的文化符码设计不同主题的儿童布绒玩具，以满足儿童的认知、情感、文化性等方面的发展需求。

12 岁以上的儿童逐步进入形式运算发展阶段。处于这一阶段的儿童，其认知水平较高，而且与同伴的交往较多，兴趣和爱好广泛，逐渐有了个性意识，在选择游戏与玩具方面有自己的见解和主张，追求创新和独特。酷、帅等风格的形象与玩具比较受他们欢迎，而且他们喜欢和小伙伴一起玩，交流游戏与玩具的新鲜体验，有时他们还会即兴开发出新的玩法。针对处于这一阶段的儿童的发展特点，儿童布绒玩具设计师可以结合当下流行的大众文化及时事热点进行个性化的设计，以满足儿童个性化的发展需求。

图 3-1　马踏飞燕

（设计者：浙江师范大学儿童发展与教育学院动画专业 2022 级杨雅淇）

图 3-2　小马

图 3-3　唐僧师徒四人

（设计者：浙江师范大学儿童发展与教育学院动画专业 2014 级郑心安）

三、适切性

儿童布绒玩具主要是用布、毛绒等软性材料结合一定的工艺制作而成的，在工艺方面有其自身的独特性和局限性，所以儿童布绒玩具设计师在设计儿童布绒玩具时要结合工艺特点。因受软性材料的限制，儿童布绒玩具不可能表现过多的细节、庞大的场面及厚重的体积感。

1．造型简单

儿童布绒玩具是由若干裁片缝合成的一个整体，造型不能过于复杂，因为造型复杂意味着细节较多，而软性材料容易变形，缝纫工艺难以再现比较细小的形体。儿童布绒玩具设计师在设计儿童布绒玩具时，需考虑将来的生产成本。如果造型过于复杂，就会增加生产时间、提高材料成本，所以复杂的造型不能算是好的设计，特别是户外的商用大型儿童布绒玩具用料比较多，设计上的一个小小的失误就会造成巨大的资源浪费。

2．结构简化

所谓儿童布绒玩具的结构，主要是指其构造结构，是儿童布绒玩具局部和局部之间的连接方式。儿童布绒玩具的原料以布、毛绒等软性材料为主，主要靠缝合成型，其形体结构越复杂，意味着缝合难度越大，不适合企业批量生产。另外，软性材料的针迹处容易撕裂，儿童布绒玩具的形体结构越复杂，意味着缝合线越多，儿童布绒玩具破损的概率就越高。儿童布绒玩具设计师在设计儿童布绒玩具时，要在造型简单的前提下，尽量减少细节，因为细节越多、结构越复杂，制作难度就越大，进而会导致生产成本上升。如果要在具有特殊功能的儿童布绒玩具中放置机芯、药包等物质，就要在不影响儿童布绒玩具的外形与触感的前提下，对儿童布绒玩具的内部结构进行细致的考量。

拓展阅读

1．任文东，杨静．设计创新思维与方法[M]．北京：中国纺织出版社，2020．
2．王健荣．论艺术与设计教育的时代特征[J]．装饰，2007（5）：99-100．

思考与练习

1．适合不同年龄段儿童的儿童布绒玩具的特点有哪些？
2．市场调研：请调研最受欢迎的10个儿童布绒玩具品牌，要求如下。
（1）调研要客观、准确，分析要深入。
（2）完成调研报告。

第四章　儿童布绒玩具的形象设计

导读：

通过学习本章，学生应了解仿真类儿童布绒玩具与卡通类儿童布绒玩具的形象设计方法，尤其是要了解卡通类儿童布绒玩具的形象特点、形象分类、形象设计方法、形象设计步骤，提升专业素养。

儿童布绒玩具的形象是引起儿童兴趣最直接的因素。兴趣是最好的老师，不管一个玩具设计得多么有意义或者多么巧妙，儿童不喜欢它，它都不会产生实在的效能。效能是特定玩具实现促进儿童特定成长发展目标的有效性程度，是在儿童与玩具的互动中形成的。如果儿童对玩具的形象不感兴趣，就不会与玩具进行互动，玩具的效能也就无从实现。令人恐惧、形象丑陋的玩具的效能较低；形象可爱、趣味性较高的玩具的效能较高，各种广受儿童喜爱的儿童布绒玩具就能充分说明这一点。

孩子对一个玩具产生兴趣，不仅是因为这个玩具有特别的形状，还因为这个玩具的色彩、材料等都符合儿童的发展特点。刺激性较强的色彩，如纯度较高的色彩、对比强烈的色彩不适合用在儿童布绒玩具上。虽然五颜六色的玩具可以潜移默化地引导儿童识别不同的色彩和明暗度，但是还要有一定的柔和度，否则长时间用鲜艳的色彩刺激儿童的视觉神经容易使儿童产生视觉疲劳。儿童的视觉神经还处于发展阶段，强烈的色彩对比容易对儿童的视觉神经造成一定的伤害。儿童布绒玩具的色彩关系不宜复杂，也就是说，一个儿童布绒玩具所包含的色相无须太多，这样更有利于视觉神经不成熟的儿童进行辨识，也有利于提高儿童眼睛的舒适度。另外，材料也是决定儿童布绒玩具形象的一个重要因素，所以儿童布绒玩具设计师针对材料的特点进行设计，也是非常重要的一种设计思路。

总之，世界万物都可以作为儿童布绒玩具的设计素材。但是，要想设计出让儿童感兴趣，并且具有较高效能的儿童布绒玩具，儿童布绒玩具设计师就要结合儿童的身心发展特点，在形象设计环节把好关。

根据儿童布绒玩具的形象特点进行划分，可将儿童布绒玩具的形象分为仿真形象和卡通形象两种风格。这两种风格的形象对应的儿童布绒玩具分别为仿真类儿童布绒玩具和卡通类儿童布绒玩具。仿真形象忠实于原型，而卡通形象是利用各种夸张与变形手法设计的人物、动物、植物、器物、虚拟角色等艺术形象，这种形象具有独特的个性、趣味性与娱乐性，因此是儿童布绒玩具的主要形象。

第一节　仿真类儿童布绒玩具的形象设计

有些儿童布绒玩具制作得十分逼真，因此被称为仿真类儿童布绒玩具。如今，儿童布绒玩具的材料可以说十分丰富，各种质感、色彩的材料应有尽有。在选料、色彩上进行合理搭配，再结合一些工艺，模仿现实中的一些动物、植物制作而成的儿童布绒玩具十分逼真。对年龄小、想象力水平较低的儿童来说，仿真类儿童布绒玩具比较契合他们的认知方式和智力发展水平。仿真类儿童布绒玩具可以对儿童不常接触但有所耳闻的形象进行呈现，可提高儿童的认知能力。另外，仿真类儿童布绒玩具还便于儿童产生回忆与联想，可以激发他们对玩具的兴趣并使其与玩具互动，而且能使游戏的过程持续一段时间。

仿真类儿童布绒玩具的形象逼真，一般人们认为将这类儿童布绒玩具模仿真实形象进行生产就可以了，似乎不需要进行设计。其实不然，不是所有的形象都可以被用在仿真类儿童布绒玩具设计中的，仿真类儿童布绒玩具可以有多种创新形式。

一、仿真类儿童布绒玩具应具有亲和力

仿真类儿童布绒玩具看起来应温和、友善，具有一定的亲和力。具有亲和力的玩具能让儿童喜欢与之接近，儿童与之越亲密的玩具，效能就越高。要想使仿真类儿童布绒玩具具有亲和力，儿童布绒玩具设计师在设计时就需要考虑仿真类儿童布绒玩具的仿真对象、表情和动态。

1. 最好选儿童比较熟悉的形象

有些形象是儿童在日常生活中见过的，如小猫、小狗等动物的形象；还有一些形象是

儿童在生活中不常见，但在传播媒介中经常见到的形象，如大熊猫、马、骆驼等动物的形象。仿真类儿童布绒玩具——马和骆驼如图 4-1 和图 4-2 所示。只有让儿童对这些形象有相关记忆，仿真类儿童布绒玩具才会具有亲和力。例如，我们在生活中经常看到，儿童在第一次见到陌生人时，一般会显得比较生疏，而在相处一段时间或见过几次面后，他们才会与陌生人进行交流。儿童在面对形象陌生的仿真类儿童布绒玩具时也是如此，只有当仿真类儿童布绒玩具的形象是儿童比较熟悉的形象时，他们才会与之亲近、玩耍。

图 4-1　仿真类儿童布绒玩具——马

图 4-2　仿真类儿童布绒玩具——骆驼

2. 仿真类儿童布绒玩具的表情与动态应平静祥和

一般仿真类儿童布绒玩具的形象以动物形象为主，要想提升儿童的认知能力，就必须让他们尽可能地了解外形和生活习性各不相同的动物。因此，仿真类儿童布绒玩具的形象应尽可能丰富，既要有性情温和的动物（如小兔子、小猫等）的形象，又要有野性十足、具有一定攻击性的动物（如老虎、金钱豹等）的形象。有些貌似可爱的小动物有时也有凶残的一面，如某些品种的狗。具有一定攻击性的动物，其表情与动态有时平静祥和，有时狰狞恐怖，儿童布绒玩具设计师在使用这一类动物的形象设计仿真类儿童布绒玩具时，一定要选择平静祥和的表情与动态。例如，图 4-3 和图 4-4 所示的仿真类儿童布绒玩具——金钱豹和小狗的形象都设计得平静祥和。反之，如果将仿真类儿童布绒玩具的形象设计得狰狞恐怖，就会让儿童产生恐惧心理，不仅不能使仿真类儿童布绒玩具发挥其情感陪伴功能，还会影响儿童的身心健康。

图 4-3　仿真类儿童布绒玩具——金钱豹

图 4-4　仿真类儿童布绒玩具——小狗

二、利用错视原理进行平面化设计

仿真类儿童布绒玩具即使不完全仿真，也能起到逼真的效果。顾名思义，仿真类儿童布绒玩具是非常接近真实形象的玩具，逼真是它独有的特点。既然要做到仿真，那么是不是一定要做到像真实对象一样具有三维立体形态呢？答案是否定的，如图 4-5 所示的仿真类儿童布绒玩具——猫看起来非常逼真，但它并不是三维立体形态的，其三维立体效果是由摄影技术和逼真的材料呈现出的。由此可见，仿真类儿童布绒玩具还有一种新的设计思路。

图 4-5　仿真类儿童布绒玩具——猫

三、仿真类儿童布绒玩具的多功能设计

儿童布绒玩具设计师可以通过内置机芯的方式来提高仿真类儿童布绒玩具的可玩性。虽然仿真类儿童布绒玩具的外形与真实形象十分相似，但由于缺乏互动性，其可玩性不够高。为了提高仿真类儿童布绒玩具的可玩性和效能，儿童布绒玩具设计师可根据儿童的发展特点和游戏需求，在仿真类儿童布绒玩具中内置各种不同功能的机芯。例如，儿童布绒玩具设计师可在仿真类儿童布绒玩具中内置带有小程序的机芯，让仿真类儿童布绒玩具动起来，完成翻滚、跑、跳等连贯动作；可在仿真类儿童布绒玩具中内置一些具有感应功能的机芯，如声音感应机芯，使得儿童在拍手时，仿真类儿童布绒玩具能发出声音等。如今，随着科技的发展，很多新技术被用于儿童布绒玩具之中，特别是物联网技术、AR（Augmented Reality，增强现实）技术等，儿童布绒玩具与科技的融合是仿真类儿童布绒玩具创新发展的一种重要思路。

第二节　卡通类儿童布绒玩具的形象设计

卡通类儿童布绒玩具的形象设计归根结底是一种卡通形象设计，只是用于儿童布绒玩具设计中的卡通形象要受到儿童布绒玩具制作工艺的限制，特别是造型与结构一定要简单。

卡通作为一种艺术形式，最早起源于 17 世纪的欧洲。当时的欧洲有两个促使卡通出现的重要条件：首先，资本主义萌芽的发展壮大了市民阶层的力量，导致社会结构发生重大变化；其次，自文艺复兴运动以来，自由开放的艺术理念开始为社会所接受。这两个条件的相互作用使得传统绘画走下了中世纪的神坛，日益接近平民的审美，给以简驭繁的卡通的产生提供了社会基础。同时，作为市民阶层表达自身要求的手段，卡通也被赋予更为广泛的政治内涵。

卡通是一个外来词，但具有卡通形象特点的形象，早已存在于我国不同形式的传统文化中。例如，北京泥塑中的大阿福、兔儿爷的形象，年画《三国演义》《水浒传》中的人物形象，布老虎中的老虎形象等，不胜枚举。其中，造型夸张的布老虎玩具可以说是我国最早的具有卡通形象特点的儿童布绒玩具。随着社会文化的发展，卡通发展到现在已涉及许多方面，也成为人们教育、学习、工作、生活、娱乐中的一部分。卡通形象可爱、幽默，造型多变且简洁明了，线条流畅，色彩较为明快，表现手法多样，富有情趣。作为一种大众文化的艺术形式，卡通不仅深受大众喜爱，还让儿童着迷，因此卡通形象成为儿童布绒玩具的主要形象。

一、卡通类儿童布绒玩具的形象特点

1. 非人物类的卡通形象具有人格化气质

儿童布绒玩具中的很多形象都不是人物形象，但都具有人格化气质。由皮亚杰的泛灵论可知，儿童认为万物有灵，他们眼中的所有物体（如小猫、小狗、石头、树枝等）都是有灵性的，儿童喜欢和它们亲近，喜欢对着它们自言自语，甚至抚摸、拥抱它们。儿童眼中的动物、植物，甚至包括没有生命的器物，都像人类一样具有生命力和灵魂，都是他们的朋友，所以他们对这些拟人化的儿童布绒玩具十分亲近，这也正是儿童喜欢儿童布绒玩具的主要原因。

2. 比例主观

卡通形象的头部与身体的比例同儿童的头部与身体的比例类似，所以深受儿童喜爱。

常见的卡通形象的头部与身体的比例有这样几种：以头部的高度为参照，它们的身高分别是 1.5 个头高、2 个头高、3 个头高、3.5 个头高、4 个头高等，如图 4-6 所示。儿童布绒玩具的形象主要来自卡通形象，因此大多数卡通类儿童布绒玩具的头部与身体的比例同卡通形象的头部与身体的比例一样。

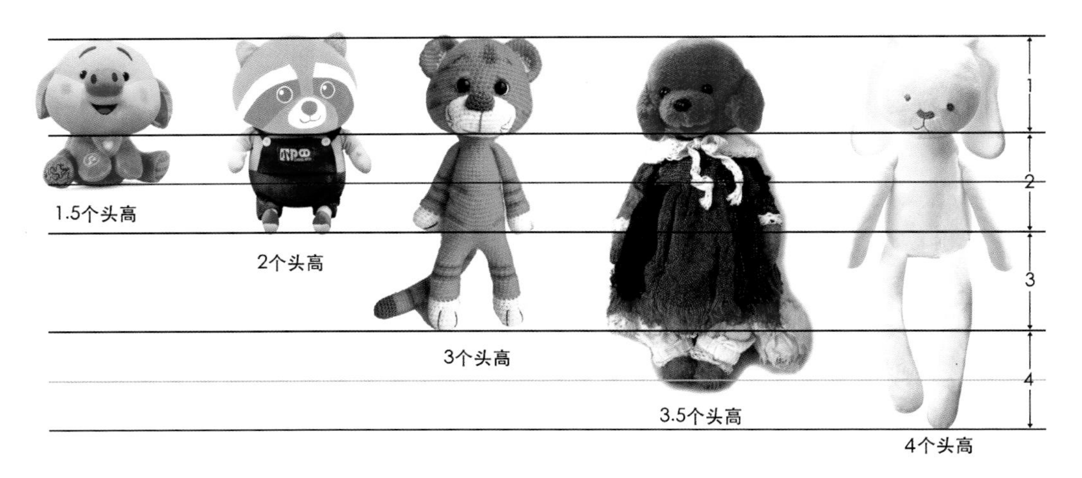

图 4-6　常见的卡通形象的头部与身体的比例

除了卡通形象的头部与身体的比例是主观比例，卡通形象的比例主观性还表现在对五官或某一突出的身体部位进行主观化设计上，如将恐龙的腿进行加长设计（见图 4-7），对小狗的头部进行加大设计（见图 4-8）。这种设计方法使儿童布绒玩具形象的比例与真实对象之间形成很大的差异，从而使儿童布绒玩具的形象更加个性化。

图 4-7　长腿恐龙

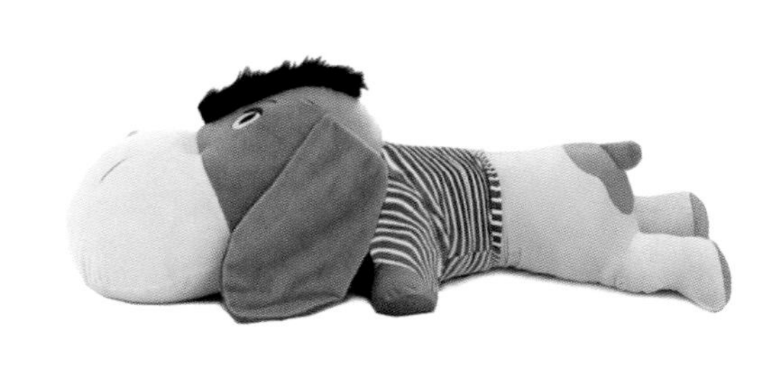

图 4-8　趴趴狗

另外，还有一种卡通类儿童布绒玩具，其整体造型是头部和躯干是一个整体，如图 4-9 所示。这是比例变化最为夸张的一种卡通类儿童布绒玩具。

图 4-9　头部和躯干是一个整体的卡通类儿童布绒玩具

（设计者：浙江师范大学儿童发展与教育学院动画专业 2012 级朱瑶洁、2019 级卢泽豪、2015 级刘丹阳）

3．形象简单、夸张

卡通形象简单、夸张，适合儿童识别、记忆。由儿童发展的相关研究可知，儿童的大脑神经尚未发育成熟，在想象、识别、记忆外形复杂的物体时存在困难，所以形象简单、夸张的卡通类儿童布绒玩具符合儿童的认知特点。例如，卡通类儿童布绒玩具——兔由球形躯干与几个代表耳朵、腿的部件组成，形象非常简单、夸张，如图 4-10 所示。在传统文化中，中国龙的形象非常复杂。宋代的罗愿在《尔雅翼》中描述过龙，大意如下：龙有鳞虫那么长，和 9 种动物比较像，它的角似鹿、头似驼、眼似兔、耳似牛、项似蛇、腹似蜃、鳞似鲤、爪似鹰、掌似虎，背上有 81 块鳞片，乍一看仿佛是用几只动物的器官拼接而成的。但是，经过卡通变形后，中国龙的形象非常简单——仅在头部保留传统的中国龙的形象元素（见图 4-11），辨识度很高。

图 4-10　卡通类儿童布绒玩具——兔

（设计者：浙江师范大学儿童发展与教育学院动画专业 2020 级冯尹童话）

图 4-11　卡通类儿童布绒玩具——中国龙

（设计者：浙江师范大学儿童发展与教育学院动画专业 2017 级贾茉菡）

4．外形特点凸显

卡通形象是经过变形后的形象，但无论怎么变化，体现物体特征的部位都需要保留，其余部位的设计可以自由发挥。如果设计对象最独特的部位失去了，其形象就难以辨认，也无法与其他形象形成差异。例如，有些卡通形象仅有头部体现其独特的外形特点，其他部位没有独特之处，如图 4-12 所示的 3 个造型相似的卡通类儿童布绒玩具，除头部分别体现了牛、兔、马 3 种动物的特点外，其他部分的造型没有独特之处，十分相似。

图 4-12　3 个造型相似的卡通类儿童布绒玩具

（设计者：浙江师范大学儿童发展与教育学院动画专业 2019 级凌景宜、2015 级叶菁、2022 级马煜舒）

二、卡通类儿童布绒玩具的形象分类

卡通形象是一种艺术表现风格，所有的形象都可以被进行卡通化设计。按表现对象进行划分，可将卡通类儿童布绒玩具的形象分为卡通人物形象、卡通动物形象、卡通植物形象、卡通虚拟形象等。

1. 卡通人物形象

卡通人物形象在卡通类儿童布绒玩具设计中的运用不太多，并且主要以儿童期的女孩形象为主。主要原因是，与男孩相比，女孩更喜欢儿童布绒玩具，而且她们认为女孩形象的卡通类儿童布绒玩具是她们的好朋友，所以女孩形象的卡通类儿童布绒玩具比较受她们的欢迎。一般来说，女孩形象的卡通类儿童布绒玩具的外表比较甜美、可爱，而且女孩形象的卡通类儿童布绒玩具有各种漂亮的服饰，非常吸引女孩。此外，服饰设计的创新空间较大，不断变化的服饰可以吸引女孩们的持续关注。总体上说，儿童布绒玩具中的卡通人物形象在造型上变化不大，主要通过服饰、发型来实现人物形象的差异化。卡通人物形象的儿童布绒玩具如图 4-13 所示。

图 4-13 卡通人物形象的儿童布绒玩具

2. 卡通动物形象

卡通动物形象的儿童布绒玩具在卡通类儿童布绒玩具中所占的比例最大。卡通动物形象的种类繁多、形态丰富。卡通动物形象的儿童布绒玩具如图 4-14 所示。

图 4-14　卡通动物形象的儿童布绒玩具

（设计者：浙江师范大学儿童发展与教育学院动画专业 2018 华馨雅、2016 级付现荣、2015 级李娜）

3．卡通植物形象

卡通植物形象的儿童布绒玩具并不多，主要原因可能是与动物相比，植物是静态的，不像动物那样有丰富的表情和肢体语言，因而对儿童的吸引力不大。卡通类儿童布绒玩具中的植物形象首先来自日常生活，儿童对这些形象比较熟悉，容易产生亲近感，如萝卜是生活中比较常见的一种蔬菜，向日葵因具有美丽的造型和明亮的黄色而深受儿童喜爱，以萝卜和向日葵为形象设计原型设计的儿童布绒玩具（见图 4-15 和图 4-16）自然受到儿童的欢迎。另外，还有很多卡通类儿童布绒玩具中的植物形象来自游戏（如《植物大战僵尸》）与影视剧，因为游戏与影视剧深受儿童喜爱，所以利用游戏与影视剧中的角色形象设计的儿童布绒玩具对儿童来说自然具有很大的吸引力。

图 4-15　卡通植物形象的儿童布绒玩具——萝卜

（设计者：浙江师范大学儿童发展与教育学院动画专业 2012 级朱艳艳）

图 4-16　卡通植物形象的儿童布绒玩具——向日葵

（设计者：浙江师范大学儿童发展与教育学院动画专业 2019 级宁欣）

4．卡通虚拟形象

在卡通类儿童布绒玩具中，有很多卡通形象是真实世界里没有的，而是通过想象创造出来的。有些卡通虚拟形象来自影视剧，有些则是插画师或儿童布绒玩具设计师设计的形象。例如，图 4-17 所示的卡通虚拟形象的儿童布绒玩具的形象整体上像一个小怪兽，虽然某个局部像某种生物，但通过多种元素的同构，最后形成的形象并非真实世界中的生物形象。

图 4-17　卡通虚拟形象的儿童布绒玩具——小怪兽

三、卡通类儿童布绒玩具的形象设计方法

1．真实形象的概括与提炼技巧

卡通形象一般是在真实形象的基础上进行概括与提炼的结果。真实形象是客观、具象、复杂的，只有对真实形象进行艺术加工，才能融入儿童布绒玩具设计师的个人想法，使形象的特点更突出、更适合传播。对真实形象进行概括与提炼的过程，实际上是一个将形象不断抽象的过程。抽象是一种理性、积极的思维方式，要求儿童布绒玩具设计师能够对客观、真实、繁杂的具象形体主观地进行概括与提炼，根据设计需要将其不同程度地抽象化。无论是针对不会动的物体，还是针对会动的物体，儿童布绒玩具设计师都要最大限度地发挥主观能动性，根据实际需要进行提炼与概括，设计出新的造型。

抽象思维并不是天马行空、毫无规律可循的。将具象的客体抽象化，可以从以下几个方面着手。首先，对客观物象的形体进行简化、概括，对表面、细小、局部的形体做减法，只保留物象最基本的结构特征。其次，将主体理解为平面，舍去画面中琐碎的部分，取画面中特征性强的部分，并对其进行强调。最后，注重点、线、面等要素的综合构成。康德曾说："没有抽象的视觉谓之盲，没有视觉形象的抽象谓之空。"卡通形象设计也要遵循这一理论。对真实形象的概括与提炼并非越简单越好，而是要舍弃形象中非本质的因素，保留形象中最独特的因素。而且，儿童布绒玩具设计师对形式美的理解和观点也要蕴含在经过主观设计的卡通形象中，以彰显卡通形象的独特风格与魅力。正因为有主观因素起作用，我们才能看到针对同样一个形象，竟然可以设计出很多不同风格的卡通形象。例如，图 4-18 所示的卡通形象的儿童布绒玩具的形象是围绕牛的形象设计的不同风格的卡通形象，同样是牛，有的牛憨厚质朴，有的牛优雅灵动，有的牛稚气可爱。在互联网上利用图像引擎进行搜索，我们就会发现有各种风格的卡通牛形象，在此不再枚举。

图 4-18　卡通形象的儿童布绒玩具——牛

（设计者：浙江师范大学儿童发展与教育学院动画专业 2019 级李翘楚、杨予辰、陆钱琪）

2. 对非人物形象进行人格化设计

在儿童布绒玩具中，大部分形象不来自人物形象，而是来自不同种类的动物、植物及生活当中的器物，其中动物最多。要想使这些非人物形象引起儿童的兴趣并使儿童对其产生好感，儿童布绒玩具设计师在设计儿童布绒玩具时，就要为这些非人物形象赋予人的特征，使儿童布绒玩具的形象有一种拟人化的效果。这样一来，设计思路就会非常开阔。因为人物形象非常多，既有现实生活中的人物形象，又有文学、影视剧中的人物形象。以现实生活中的人物为例，现实生活中又有不同性别、不同年龄段、不同职业、不同气质、不同兴趣爱好的各色人物，所以人物形象非常多。结合这些人物形象进行卡通动物形象设计的具体方法是，结合这些人物的气质、服饰及兴趣爱好等属性对设计对象进行加工，以视觉图形呈现出来，于是，经过艺术加工的设计对象就会具有一定的人格化特征。例如，图 4-19～图 4-22 所示的是围绕狗的形象设计出的卡通形象的儿童布绒玩具，分别是淘气狗、小狗的一家、明星狗及跳舞狗，由于结合的人物形象不同，卡通

狗呈现出多种人格化特征。另外，影视剧中也蕴含着丰富的儿童布绒玩具的设计素材。除此之外，非人物的形象还可以来自民间故事、文学作品、绘画艺术等。儿童布绒玩具设计师将设计对象任意想象成某一类型的人物进行设计，就会拥有非常广阔的设计思路。

图 4-19 淘气狗

（设计者：浙江师范大学儿童发展与教育学院动画专业 2016 级阮琴）

图 4-20 小狗的一家

（设计者：浙江师范大学儿童发展与教育学院动画专业 2016 级陈倩滢）

图 4-21　明星狗

（设计者：浙江师范大学儿童发展与教育学院动画专业 2016 级朱圣扬）

图 4-22　跳舞狗

（设计者：浙江师范大学儿童发展与教育学院动画专业 2016 级沈纯冰）

3．设计好比例

卡通形象一般都是在形象设计原型基础上经过夸张与变形的形象。夸张与变形主要是重新定义形象设计原型的比例。如果使形象设计原型维持正常的比例，就不可能实现形象的夸张与变形。

1）卡通形象的头部与身体的比例

卡通形象设计首先要设计的比例是头部与身体的比例。不同比例的卡通形象会呈现出不同的气质，通常头部与身体的比例大于或等于 1∶3 的卡通形象都比较可爱，也就是说

给人以较强烈的幼态感，可能是因为这样的比例同现实生活中的婴幼儿的头部与身体的比例相近。这样的比例在儿童玩具、吉祥物、儿童动画片中出现得较多。头部很大、其他部位很小是它们的典型特征，容易让人产生可爱、搞笑的感觉。当你想展示儿童布绒玩具可爱、幼态的气质时，要选择好头部与身体的比例，即把头部与身体的比例控制在 1∶4～1∶1.5 的范围内。

在儿童布绒玩具设计中，将人物或动物形象的躯干或四肢拉长，可以获得独特的视觉效果。例如，图 4-23 和图 4-24 所示的长腿牛妞和长腿海盗狗的头部与身体的比例约为 1∶5，与 Q 版儿童布绒玩具相比，显示出完全不同的气质。这也是一种与同类玩具形成差异化的重要设计思路。确定了头部与身体的比例就基本上确定了卡通形象的气质基调，这是设计出成功卡通形象的第一步。

图 4-23　长腿牛妞

（设计者：浙江师范大学儿童发展与教育学院动画专业 2019 级周萌）

图 4-24　长腿海盗狗

（设计者：浙江师范大学儿童发展与教育学院动画专业 2016 级茹童瑶）

2）卡通形象的五官比例及形态设计

卡通形象的五官千姿百态，夸张的程度各有不同：有的将眼睛省略成一条线、一个点，有的将眼睛放大到占半张脸，有的将鼻子完全省略，有的将嘴巴夸大到超出脸的范围。到底应该怎样把握好其中的分寸呢？这又和卡通形象的比例有着紧密的联系。设计的卡通形象的比例的夸张程度越高，五官比例及形态的夸张程度就越高。当卡通形象的比例的夸张程度接近真人时，五官比例及形态的夸张程度自然要接近真实的五官比例及形态。当五官比例及形态的夸张程度达到相对的平衡和协调时，设计出来的卡通形象就会让观看者觉得舒服、美观，而不会产生别扭的感觉。这也是日常生活中有的卡通形象让人喜欢，而有的卡通形象让人产生丑和不舒服、不协调感觉的原因。

由此可见，卡通形象设计有其自身的特点和规律，儿童布绒玩具设计师在创作时要完全融入卡通世界里，以便找到设计感觉。初学卡通形象设计不会一下子就能把握这个规律，只有多鉴赏优秀的卡通形象设计作品与卡通形象的儿童布绒玩具，研究其造型规律和特点，将其和现实生活中的形象进行比较，才能逐步提升自己的设计素养和能力。

4. 让卡通形象"缺个角"

"让卡通形象'缺个角'"是一种创造个性化卡通形象的设计方法。所谓的"缺个角"，并不是让卡通形象真的缺个角，而是一个比喻，意思是说，要想让人看一眼就能记住它，就必须在卡通形象的设计上做一个可以被记住的、鲜明的标记。其实这种方法一直存在于不同的艺术形式中，如戴着紧箍咒的孙悟空、鼻子会变长的匹诺曹、脸上有刀疤的灰太狼等，这些形象有明确的特点，让人们能很快记住它们。它们的特点就是它们的记忆点。如果没有这些记忆点，孙悟空就是一只普通的猴子，匹诺曹就是一个普通的男孩，灰太狼就是一只普通的狼。因此，"让卡通形象'缺个角'"就是在卡通形象上设计一个突出的元素，使其成为一个记忆点。一些知名品牌的儿童布绒玩具就善于利用这种方法，让消费者一眼就能识别出，让儿童一看就比较喜欢，如理查德·史泰福熊耳朵上的标签。一些儿童布绒玩具上最夸张、最醒目的地方也可以说是其记忆点。例如，图 4-25 所示的绿角小怪兽头上卷曲的角就是该玩具最醒目的特点；图 4-26 所示的树娃的身体部分比较普通，但头部的造型非常有新意，这也是该玩具最醒目的特点。由此可见，"让卡通形象'缺个角'"归根结底就是要让卡通形象有特色，这样做出来的儿童布绒玩具也会有特色。

图 4-25　绿角小怪兽

（设计者：浙江师范大学儿童发展与教育学院动画专业 2018 级任双鹏）

图 4-26　树娃

（设计者：浙江师范大学儿童发展与教育学院动画专业 2020 级孙鑫宇）

四、卡通类儿童布绒玩具的形象设计步骤

1. 第 1 步：形象设计原型的选择

形象设计原型主要是指设计对象，如以猫为设计对象，猫就是形象设计原型。选择形象设计原型是卡通形象设计的首要步骤。一般来说，形象设计原型的来源可分两种。一种是针对某一设计项目，设计师没有被明确规定需要用某一对象进行设计，需要针对项目的特点展开设计思路、选择形象设计原型（这是设计师进行构思的一部分，也是最为关键的一部分）。另一种是形象设计原型被明确指定了。例如，在十二生肖的卡通形象设计中，形象设计原型已经被明确指定了，但每个形象设计原型都已有多个卡通形象，设计师要做的主要工作是设计与同类卡通形象形成差异的、个性化的卡通形象。又如，在设计活动中，一些客户对某一形象设计原型情有独钟，明确要求设计师针对这个形象设计原型设计卡通形象。

1）没有指定形象设计原型的形象选择

在设计卡通形象时，如果没有指定形象设计原型，设计师就必须对设计项目进行市场调研，再结合理性分析，确定形象设计原型。没有指定形象设计原型的卡通形象设计，一般是指一些企业、大型的运动会及其他大型活动的吉祥物设计。一般来说，将吉祥物的形象设计成卡通形象，可以增加其亲和力。

吉祥物的形象在一些 VI（Visual Identity，视觉识别）系统中的作用甚至超过标识本身，特别是在一些文化活动的 VI 系统中。例如，儿童记住奥运会吉祥物的可能性远大于记住奥运会标识的可能性。如今，很多企业的吉祥物做到了反客为主，成为企业形象的“代言人”，如以腾讯的吉祥物为形象设计原型设计的布绒玩具——企鹅公仔。QQ 字母的外形太抽象，对儿童来说，他们肯定更加喜欢稚趣可爱的吉祥物。有些企业为了增加亲和力，将其标识设计成卡通形象的，天猫公仔就是一个典型的例子。天猫公仔是以天猫的吉祥物为形象设计原型设计的布绒玩具。企业将其标识与卡通形象合二为一，更容易从竞争激烈的市场中脱颖而出。吉祥物的形象个性鲜明、幽默风趣、亲切可爱，是企业文化、主题活动等主体理想的信息传播载体。因此，以吉祥物的形象为形象设计原型设计与制作布绒玩具也是一种重要的宣传手段。

（1）通过市场调研确定形象设计原型。

一般吉祥物的形象是卡通形象，但卡通形象并不一定都是吉祥物的形象。吉祥物不仅具有可爱的外形，还必须承载一定的信息。设计师需要根据企业文化的特点、大型活动的举办城市、活动特色等信息，选择最具有象征意义的且具有符号化特点的形象设计原型来设计吉祥物的形象。因此，在选择吉祥物的形象设计原型之前，设计师需要进行市场调研。

市场调研的主要目的是根据对企业理念的理解和受众的喜好进行吉祥物的概念设定，一方面要知道作为委托方的企业需要什么样的形象，以及形象应该具有什么特点；另一方面要了解受众的需求、受众的教育背景和审美需求是什么，以及在设计流程中要注意什么。一般吉祥物的传播受众包含儿童，所以设计师在设计之前需要对儿童进行相关调研。不同地域的传统文化与生活方式不同，因此存在较大的文化差异。例如，龙在中国是吉祥的动物，是威严和高贵的象征，在国外则是凶残和邪恶的象征。又如，老鼠在中国的形象通常是反面的，因为它会损坏庄稼、偷吃粮食。而在印度，老鼠是被崇拜的神灵之一，有专门的神庙供奉活老鼠，每天前来敬奉朝拜老鼠的人络绎不绝。当地的人们认为敬鼠会得到善报，甚至人们宁愿自己忍饥挨饿，也要想方设法供养老鼠，不能让老鼠受委屈。因此，设计师在针对具体项目进行设计时，必须了解不同地域的文化差异，了解儿童的相关信息，根据不同的文化背景、家长的消费习惯及儿童的发展特点，选择吉祥物的卡通形象设计原型。

经过市场调研后，设计师就可以进行初步的卡通形象设计原型选择了。首先，利用发散性思维从不同角度进行设计，因为从不同角度进行思考，可以展开的设计思路有很多，从不同角度选取具有代表性的形象设计原型就会产生多个设计方案。其次，将多个设计方案进行比较，利用收敛性思维，选取其中一个最具代表性的形象设计原型进行设计。设计师最终要根据具体的现实情况，确定最能反映项目特色与主旨的形象设计原型进行卡通形象设计。例如，2008 年北京奥运会的吉祥物——福娃是 5 个亲密的小伙伴，它们的造型融入了鱼、熊猫、奥林匹克圣火、藏羚羊、燕子的形象，应用了中国传统艺术的表现方式，展现了具有代表性的中国文化特色。每个福娃都有一个朗朗上口的名字：贝贝、晶晶、欢欢、迎迎、妮妮，把 5 个福娃的名字连在一起，就会读出北京对世界的盛情邀请——北京欢迎您。另外，在中国，取叠音名字是表达对孩子的喜爱的一种传统方式。从符号学角度来说，福娃不仅是一个饱含强烈人文色彩的视觉标识符号，也是一个蕴含着深层情感的文化符号。正如美国传播学集大成者施拉姆所说：“符号总归是传播的元素，是能够释出‘意义’的元素。”总之，在卡通形象设计中，选择具有代表性、象征性与辨识度的形象设计原型非常关键。

吉祥物的形象设计中有各种因素需要考虑，但是在造型的初始阶段，形象设计原型的选择是最重要的，而特色则是要注意的关键。首先，设计师可将当地特有的动物、植物及其他形象作为形象设计原型进行吉祥物的形象设计，如 2016 年巴西里约热内卢奥运会吉祥物的形象设计就运用了这种设计思路。这两个吉祥物分别叫维尼休斯和汤姆，维尼休斯集猫的灵性、猴子的敏捷及鸟儿的优雅于一身，这几种动物是巴西人最喜欢的动物；汤姆茂密的头发代表了巴西的热带雨林。这两个吉祥物很好地体现了巴西作为奥运会主办国的典型的人文与地域特色。

其次，设计师可以将当地特有的文化资源作为形象设计原型。一般来说，这种文化资源应该是当地独一无二，并且在世界文化资源中具有重要地位的，如杭州第 19 届亚运会的吉祥物的形象设计就运用了这种设计思路。该吉祥物的组合名为江南忆，出自白居易的诗“江南忆，最忆是杭州”，融合杭州的历史、人文、自然生态和创新基因。这 3 个吉祥物分别名为宸宸、琮琮与莲莲，它们的形象是一组承载深厚的文化底蕴和充满时代活力的机器人形象。宸宸代表世界遗产京杭大运河，名字源于京杭大运河杭州段的标志性建筑拱宸桥。有着 400 多年历史的拱宸桥承载着一代又一代人的美好记忆。琮琮代表世界遗产良渚古城遗址，名字源于良渚古城遗址出土的代表性文物玉琮。琮琮实证了中华 5000 多年的文明史，全身以源自大地、象征丰收的黄色为主色调，头部装饰的纹样取自良渚文化的标志性符号饕餮纹，寓意为“不畏艰险、超越自我”。莲莲代表世界遗产西湖，名字源于西湖中无穷碧色的接天莲叶。莲叶以其纯洁、高贵、祥和的姿容为人们所喜爱。这 3 个吉祥物的形象设计原型为机器人，寓意了浙江的科技感与现代感。这 3 个吉祥物的头部造型和色彩体现了杭州的地域特色与传统文化特色。由此可见，运用当地特有的文化资源作为形象设计原型进行吉祥物的形象设计比较能体现形象的独特性，因为当地的文化资源是独一无二的。

另外，设计师还可以采用人们认定的吉祥图案或者人们所熟悉的美好概念来进行设计。总之，一个好的形象设计原型在吉祥物的形象设计中起着至关重要的作用，设计师在这一阶段要确定吉祥物的形象设计原型。

（2）通过儿童熟悉的故事和角色确定形象设计原型。

在选择卡通类儿童布绒玩具的形象设计原型时，借助儿童熟悉的故事和角色，可以使设计出的卡通类儿童布绒玩具获得比较好的传播效果。单纯从设计上讲，创造一个不存在的形象（如大家都熟悉的小黄人、蓝精灵等）并不是一个错误，但问题在于投资成本的多少与投资风险的高低。对于一个新的形象，你需要从零开始投资这个形象的故事和性格，这需要的不单单是巨大的金钱投入，还需要必不可少的时间投入。例如，孙悟空、葫芦娃等经典的角色形象都是经过很长时间才在人们心中形成的角色形象。因此，如果儿童布绒玩具的形象设计原型是儿童比较陌生的，那么对普通的玩具企业来说，存在较高的风险。

卡通形象的打造过程和一个明星的打造过程一样，都逃不开先塑造角色，再由角色形成影响力后反哺品牌的过程。这是一个先培养再受益的过程。以米老鼠为例，它是一个明星，一个虚拟的明星。它的影响力是依靠多年来的多部影视作品宣传逐步形成的。要打造这样的虚拟明星，对普通的企业来说，前期的培养成本一定是需要慎重考虑的问题。因此，对普通的企业来说，卡通形象设计不难，难的是角色的塑造和故事的创造、传播等投资过程。

正因为有这样的困难存在，所以设计师在选择形象设计原型时，可以采用借力的方法，即借用早已在儿童印象中存在的故事和角色。对于那些儿童熟悉的故事和角色，设计师可以很好地利用它们，这样在故事的投资和角色的塑造上就可以节省很多时间和金钱，并且可以极大地提高产品的成功概率。

2）指定了形象设计原型的形象选择

在设计卡通形象时，如果指定了形象设计原型，那么设计师还需要进行形象选择吗？答案是肯定的，因为一般来说，每个形象设计原型都会有许多不同的类别。例如，设计师被要求以狗为设计对象进行卡通形象设计，设计师就需要梳理一下狗的类别。首先，按品种划分，狗有田园犬、牧羊犬、贵宾犬、吉娃娃、沙皮狗、藏獒等品种；其次，按体型划分，狗有大型犬、中型犬、小型犬之分；最后，按性格划分，狗有温驯型、机敏型、威猛型等类型。设计师在分析了狗的类别后，结合卡通形象的应用场景，就可以选择最合适的某一类狗作为形象设计原型进行设计了。

2．第 2 步：形象设定

在确定了形象设计原型后，就进入了形象设定环节。形象设定也称角色设定，主要是对角色的性别、年龄、身材、职业、相貌、穿着、喜好等特点进行设定，使形象更加丰满。无论是人物，还是动物、植物等其他对象的卡通形象设计，都要进行形象设定，否则，卡通形象就没有灵魂、个性与气质。以狗的卡通形象设计为例，根据上一步确定的形象设计原型，设计师现在要开始思考：狗的卡通形象可以是什么样子的？若要进行拟人化设计，则可以结合人的各种形象特点来考虑。那么，人的形象又有哪些类别呢？如果根据人的性别、年龄、身材、职业、相貌、穿着、喜好等特点来进行分类，那么人的形象类别可以说多种多样。既然人的形象类别这么丰富，那么拟人化的狗也可以有多种形象。因此，用发散性思维进行思考，可以设计出无数个外貌与性格特点各异的狗的卡通形象。要想让狗的卡通形象更生动，设计师可以在狗的前面加上形容词前缀，如可爱的狗、机灵的狗、憨憨的狗、酷酷的狗等，这样可以获得拥有不同气质的狗的卡通形象。另外，设计师还可以加上动词，让狗的卡通形象更加生动，如跳舞的狗、踢球的狗、唱歌的狗等。有了这些形容词和动词的描绘，拟人化、个性化的狗的卡通形象便呼之欲出了。

3．第 3 步：形象的夸张与变形

在设定好形象之后，设计师就要通过具体的可视化图形将其表现出来。设计师要对身体的外形进行设计，改变形象设计原型原有的比例，进行夸张与变形，以便体现卡通形象的幽默性与趣味性。

整体外形是卡通形象给人的整体印象，是确定卡通形象风格十分重要的因素，所以设计师首先要进行外形设计。外形设计主要是要确定头部与身体的比例，以及整体的外形特征，如是瘦长的，还是胖胖的；是上大下小的，还是上小下大的，或者是上小、中间

大、下小的等。

头部形状也可以适度夸张。卡通形象的头部形状可以与动物的头部形状相同，也可以被设计成抽象的几何形状。例如，图 4-27 所示的卡通狗的 3 种头部形状分别为方形、圆形和梯形。

图 4-27　卡通狗的 3 种头部形状

（设计者：浙江师范大学儿童发展与教育学院动画专业 2016 级付现荣、沈纯冰、谢凌云）

无论外形怎么变化，形象设计原型的特点都要保留。形象设计原型的特点各有不同，如果是人物，那么一般通过脸型、发型、服饰及其他标志性的造型等来表现形象设计原型的特点；如果是动物，那么一般通过动物的头部，特别是头部的角、耳朵、图案等来表现形象设计原型的特点，有些拟人化的卡通动物形象直接用动物的头部与人物的躯干等进行同构，但动物身份仍能一目了然，主要原因是通过头部形象就足以识别其身份。例如，在图 4-28 和图 4-29 所示的两个卡通形象中，牛的面部图案与牛角和兔的长耳朵是这两种动物区别于其他动物的标志，尽管这两个卡通形象除头部以外的身体形状与人物除头部以外的身体形状相同，但因为头部特征明显，所以它们分别作为牛与兔的卡通形象，其辨识度是非常高的。

细节设计可以使卡通形象的外形更加生动，个性与气质更加丰满。细节设计主要包括五官、手与足、服饰、道具等几个方面的设计。根据卡通形象的风格，有些细节设计适合简略，而有些细节设计需要略微烦琐一些。一般头部造型简单的卡通形象，细节设计适合简略；而头部造型比较复杂的卡通形象，细节设计应该丰富一点。例如，图 4-30 中左侧的卡通熊的风格是简约风格，非常简单，所以卡通熊的手和足完全可以省略，身体上的装饰也非常少；而右侧的卡通熊正好与之相反，它的形象更加具象，因此其细节部分，如五官、脚及服饰等都刻画得比较细致。

图 4-28　卡通形象——牛

（设计者：浙江师范大学儿童发展与教育学院动画专业 2019 级胡乐乐）

图 4-29　卡通形象——兔

（设计者：浙江师范大学儿童发展与教育学院动画专业 2020 级屈铭涛）

图 4-30　两种不同风格的卡通熊

但是，由于受到玩具制作工艺的限制，设计师在设计卡通形象时，要注意不能将细节设计得过于复杂、烦琐，否则设计方案难以落地，更难做到产品化和批量生产。

4．第 4 步：卡通类儿童布绒玩具的开脸与外形装饰设计

1）开脸

所谓开脸，是指确定你喜欢的五官与表情。这是儿童布绒玩具设计中十分有趣的、画龙点睛的部分，儿童布绒玩具是否有神采，主要由面部表情决定。以人偶玩具为例，有的人喜欢漂亮的娃娃，有的人喜欢丑娃娃，有的人喜欢瘦娃娃，有的人喜欢胖娃娃。由

于儿童布绒玩具是可以用来调节情绪的，因此不同性格的儿童喜欢的儿童布绒玩具各不相同。

做人偶玩具如此，做动物玩具也一样，因为这里的动物都是拟人化的，个个都像淘气的孩子。设计师在设计五官时，不妨先用排列组合的方式将五官的图形元素在脸上进行各种组合，直到找到一个自己最喜欢的脸谱。这是一种创造性的工作，需要结合审美与情感创造出一个有灵性的表情。一般来说，开脸时可以运用的五官组合方式有以下 3 种。

（1）不同大小眼睛和鼻子的组合，示例如图 4-31 所示。

图 4-31　不同大小眼睛和鼻子的组合示例

（2）不同大小眼睛与眼睛距离的组合，示例如图 4-32 所示。

图 4-32　不同大小眼睛与眼睛距离的组合示例

（3）不同鼻子与嘴巴的组合，示例如图 4-33 所示。

五官设计要结合现有的儿童布绒玩具的五官材料，否则，设计的造型就无法实现。随着手工业的发展，目前市场上的儿童布绒玩具的五官材料的品类非常丰富。例如，不同材料的眼睛应有尽有，除了专门生产的眼睛，表面光洁的其他珠子、扣子，如木珠、玻璃珠、皮扣、铁漆扣、有机玻璃扣、塑料扣等，也都可以作为卡通形象的眼睛。因此，设计师在进行卡通形象的五官设计时，除了要考虑五官的大小、距离与形状，还要考虑五官的材料、色彩等因素，使五官的外形与卡通形象的整体风格相匹配。

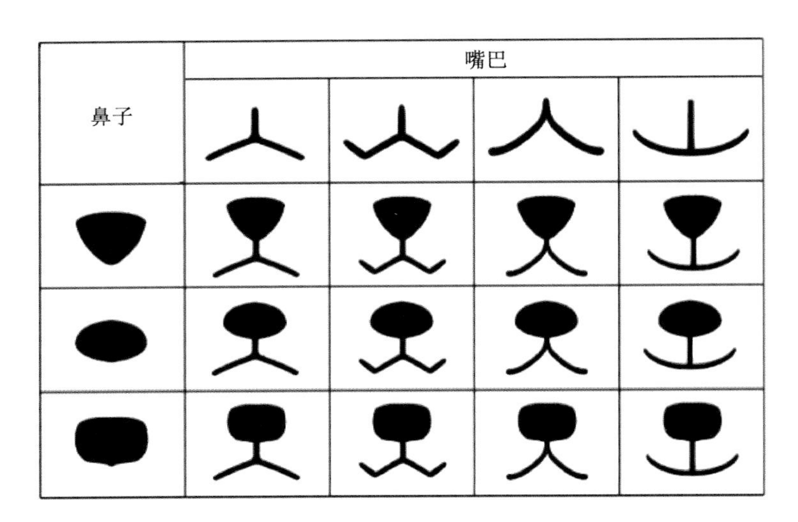

图 4-33　不同鼻子与嘴巴的组合示例

2）外形装饰设计

在儿童布绒玩具的身体形象设计完成后，设计师可根据其体型的特征与尺寸进行外形装饰设计。适当的外形装饰不仅能大大提升儿童布绒玩具的美观性，还能使儿童布绒玩具的游戏性有所提升。

（1）卡通人物形象的儿童布绒玩具的外形装饰设计。

① 发色与发型设计。

人物形象的儿童布绒玩具需要不同的发色与发型，其中卡通人物形象的儿童布绒玩具的发色与发型一般比较夸张。不同的发色与发型可以表现出不同的气质。洋娃娃的粉色脸配白色泡泡线卷发，会显得娇嫩。粉色脸还可以配其他浅色发色，如淡黄色、淡紫色、浅棕色、浅米色、浅灰色等。较深的发色（如赭红、褐色等）可配自然的肤色。黑色的发色配各种肤色都可以。现在市场上有很多儿童布绒玩具为了追求新奇的效果，运用色彩比较鲜亮、夸张（如蓝色、绿色、橙色、紫罗兰色等）的材料制作头发。

人物的发型设计既要考虑造型，又要确定用什么材料和工艺来制作。目前，常用的材料有 6 种：毛衣线，它是卡通人物形象的儿童布绒玩具常用的头发材料，设计师不仅可以通过不同长度的毛衣线塑造不同的发型，还可以通过剪、编等方式塑造多种发型；冰条线，它的运用使卡通人物形象的儿童布绒玩具的形象非常时尚、有个性；珊瑚线，非常适合表现女孩蓬松的长发；毛绒，通常用于制作儿童布绒玩具的身体，还可以直接用于表现略短的头发；平绒布，通常也用于制作儿童布绒玩具的身体，虽然平绒布的毛很

短，不能直接用于表现头发，但它比较薄，在经过缝合和适度填充后，也可以用于表现头发；假发，它的使用使儿童布绒玩具具有一定的真实感。为了提升头发的质感，设计师可以将几种材料进行组合使用。卡通人物形象的儿童布绒玩具的发型及其材料运用示例如图 4-34 所示，其中从左到右、从上到下材料依次为毛衣线、冰条线、珊瑚线、毛绒、平绒布、假发、毛绒与毛衣线的组合。

图 4-34　卡通人物形象的儿童布绒玩具的发型及其材料运用示例

② 服饰设计。

卡通人物形象的儿童布绒玩具的服饰对塑造人物形象的气质起着非常重要的作用。人物形象的气质类型很多，一般针对儿童的布绒玩具的人物形象通常以富有童真气质的儿童形象为主，这样容易让儿童产生亲近感，其中以女童形象居多。生活中的女童即使年龄尚小，也明显地表现出不同的气质，如文静乖巧、甜美可爱、时尚等。要想使卡通人物形象的儿童布绒玩具表现出个性特点，就必须赋予它们不同的个性与气质。在卡通人物形象的儿童布绒玩具中，不同个性与气质的形象会表现出不同的五官与表情特征，如果再搭配相应的服饰，人物形象的个性与气质就会更加生动。例如，设计师可以用连衣裙搭配长长的直发，来表现小女孩文静乖巧的气质；可以用小辫子、西瓜小背包及红色的鞋子等，来表现小女孩甜美可爱的气质；可以用浅色的发色搭配浅色的裙子，并用蝴蝶结做点缀，来表现小女孩的时尚感（见图 4-35）。总之，服饰要与卡通人物形象的儿童布绒玩具的整体形象与气质协调一致。

图 4-35　3 种不同气质的卡通人物形象的儿童布绒玩具

（2）卡通动物形象的儿童布绒玩具的外形装饰设计。

卡通动物形象的儿童布绒玩具设计主要采用拟人化的手法，让不同的卡通动物形象都具有人的气质。在完成卡通动物形象的儿童布绒玩具的身体设计后，加上适度的装饰，会使其人的气质更加突出。但是，卡通动物形象的儿童布绒玩具的形象毕竟是动物形象，所以装饰的内容一般比卡通人物形象的儿童布绒玩具简单很多。

在卡通动物形象的儿童布绒玩具头部装饰少量头发，可使其显得滑稽风趣，如给小动物扎上小辫子（见图 4-36），让人忍俊不禁。

图 4-36　卡通动物形象的儿童布绒玩具的发型设计

一般来说，设计师可在卡通动物形象的儿童布绒玩具的头部、脖子等部位加一些装饰品。根据形象需要，有时只需在卡通动物形象的儿童布绒玩具的一个部位加装饰品，如分别在头部、脖子与手部加装饰品（见图 4-37）。脖子的装饰方法较多，如加小铃铛、蝴蝶结、丝带、小方巾等装饰品。有时也可以在两三个部位同时加装饰品。在多个部位

加装饰品时，一定要注意装饰风格一致，否则容易显得杂乱，从而影响视觉效果。例如，图 4-38 所示的卡通动物形象的儿童布绒玩具分别在头部与手部、头部与肩部、头部与脖子加了装饰品，而且装饰品在图案、色彩及材料等方面均相同，因此与这些玩具整体上非常协调。

图 4-37　在卡通动物形象的儿童布绒玩具的一个部位加装饰品的示例

图 4-38　在卡通动物形象的儿童布绒玩具的多个部位加装饰品的示例

卡通动物形象的儿童布绒玩具的衣服比较简单，一般只有一件上衣。卡通动物形象的儿童布绒玩具的衣服在工艺上分为两种。一种是能穿、脱的衣服（见图 4-39），这种衣服是在玩具做好后，根据玩具的尺寸制作的衣服。

另一种是不能穿、脱的衣服。这种衣服既是身体部位，又是衣服，采取身体部位直接用和其他部位有区别的面料制作完成的方法，在视觉上形成衣服的感觉，而实际上不是穿上去的衣服，所以不能脱下来。例如，图 4-40 和图 4-41 所示的卡通动物形象的儿童布绒玩具——兔先生和小熊姐妹的衣服与身体缝合在一起，但视觉上看起来是衣服。兔先生的腰部以下部分采用了与身体裸露部分不一样的布料进行缝制，因此使其看起来像穿了一条时髦的裤子。小熊姐妹的四肢与头部主要采用的是短毛绒面料，而躯干与脚等部位采用了与身体裸露部分不一样的碎花面料，二者在色彩和肌理上有明显的差异，所以给人一种小熊姐妹穿着花背心、花高帮靴的感觉。另外，小熊姐妹的腰部还设计了一条结构线，制作者可以通过缝合腰部把纱裙缝到小熊姐妹身上。因此，小熊姐妹的花背心、白纱裙及花高帮靴都是脱不下来的。使用这种方法制作儿童布绒玩具的衣服，既能丰富儿童布绒玩具的造型，又能节省材料和时间。

图 4-39　能穿、脱的衣服

（设计者：浙江师范大学儿童发展与教育学院动画专业 2022 级程婧婧、王淑娴）

图 4-40　兔先生

（设计者：浙江师范大学儿童发展与教育学院动画专业 2020 级王佳颖）

图 4-41　小熊姐妹

（设计者：浙江师范大学儿童发展与教育学院动画专业教师陈雪芳）

第三节　基于材料优势的儿童布绒玩具的形象设计

利用材料的质感进行儿童布绒玩具的形象设计也是一种很好的创新途径。一般来说，儿童布绒玩具主要是由毛绒和布等软性材料缝合而成的，儿童布绒玩具设计师在设计儿童布绒玩具时可充分发挥材料的优势，设计出独特且种类繁多的儿童布绒玩具。毛绒和布最突出的优势是花色及种类繁多，目前市场上的毛绒和布在色彩、图案、肌理等方面有着非常丰富的变化，所以儿童布绒玩具设计师要敢于尝试不同的材料，并且能够在一个设计作品中大胆地组合使用不同的材料，不断创造出新颖、独特的作品，从而使儿童布绒玩具在玩具这个家族中大放异彩，永远保持其独特的魅力。在使儿童布绒玩具的材料有色彩、图案、肌理等变化后，儿童布绒玩具设计师还可以让儿童布绒玩具的形式更丰富、视觉效果更好。因为儿童布绒玩具的形象比较简单，如果材料比较单一，儿童布绒玩具的形式就会显得比较单调。例如，图 4-42 所示的拼布玩具——星星熊的造型与结构都比较简单，但它使用了几种拥有不同肌理的材料，肌理本身就是一种图案，再加上色彩的变化，使玩具呈现出非常丰富的视觉效果。

图 4-42　拼布玩具——星星熊

（设计者：浙江师范大学儿童发展与教育学院动画专业 2022 级马煜舒）

另外，儿童布绒玩具的形象设计还可以不局限于面料之间的色彩、图案、肌理等的变化，将异质材料进行组合是儿童布绒玩具形象设计的一条重要的创新思路。除布之外，有些材料经过加工后也能给人较舒适的触感，如木头、塑料等，所以将这些材料进行组合可以用于儿童布绒玩具设计。木头、塑料等材料最大的优势是，它们可以用于进行不同的结构设计，而这些结构可以使儿童布绒玩具的造型多变，方便儿童与儿童布绒玩具进行互动。如图 4-43 所示，七十二变孙悟空的躯干部分采用经过结构设计的圆木柱，使其可以变化出站立、坐、趴等不同姿势。由此可见，将异质材料进行组合不仅丰富了儿童布绒玩具的视觉形象，还改变了儿童布绒玩具的静态特质，拓展了儿童布绒玩具的游戏功能。

图 4-43　七十二变孙悟空

（设计者：浙江师范大学儿童发展与教育学院动画专业 2014 级郑心安）

拓展阅读

1. 李海燕. 比例变形：卡通形象设计的要点[M]//美术大观编辑部. 中国美术教育学术论丛：艺术设计卷 9. 沈阳：辽宁美术出版社，2016.

2. 余琴. 文化产业背景下视觉传达设计研究[M]. 长春：吉林美术出版社，2019.

思考与练习

请进行卡通人物形象设计、卡通动物形象设计、卡通植物形象设计，要求如下。

（1）形象要新颖、独特。

（2）形象要简单，适合制作儿童布绒玩具。

第五章　不同功能的儿童布绒玩具设计

导读：

通过学习本章，学生应了解情感安抚型、游戏互动型、日常实用型、早教启智型儿童布绒玩具的设计思路与方法；了解在设计中如何将儿童的发展需求隐含于儿童布绒玩具之中，使之能充分发挥其不同功能。

第一节　情感安抚型儿童布绒玩具设计

婴幼儿期良好的情感安抚是决定一个人终生心理健康的基础。精神分析领域的一个研究共识为，决定人格的潜意识来自 18 岁之前的人生经历，而最重要的是来自 0～3 岁的人生经历，3 岁前的抚育质量奠定了一个人终生的人格基础。由此可见，3 岁前的经历非常重要。如果一个人在 3 岁前缺少情感陪伴，那么可能用后面 30 年的时间也补不回来他缺少的情感陪伴。有人认为，3 岁前的婴幼儿什么都不懂，怎么对他，他也不知道，是谁抚育他，他也不记得，所以等他有记忆时好好对待他，他才会记得你的好。这样功利的想法犯了两个严重的错误。首先,婴幼儿是有记忆的，只是他记住的不是具体的事件，而是情绪和感受。如果他在 3 岁前长期处于孤独的状态，甚至遭受过虐待，就会严重影响他正常人格的形成；反之，对社会充满爱和正能量的人，多是在婴幼儿期得到过充分的爱与关怀的人。其次，人的情感发展是连续的，抚养者的更换或别离都会使婴幼儿受到分离创伤。

在当下快节奏的生活状态下，许多父母为了工作而不得不和自己的孩子聚少离多，因此对婴幼儿的陪伴非常有限，而儿童布绒玩具可以起到很好的安慰与陪伴作用。儿童布绒玩具的材料柔软，形象纯真、可爱，对儿童有一种天然的治愈作用。另外，儿童布绒玩具也不会因为各种原因而主动离开他们。有的儿童会将自己喜欢的儿童布绒玩具随时带在身边，并常常与其聊天。对婴幼儿来说，形象有趣、材料柔软的安抚巾（见图 5-1）可以让他们安心入眠。总之，儿童布绒玩具对于婴幼儿，甚至年龄更大一点的儿童的情感安抚作用是非常突出的。

图 5-1　安抚巾

（设计者：浙江师范大学儿童发展与教育学院动画专业 2014 级郑心安）

儿童布绒玩具设计师在设计情感安抚型儿童布绒玩具时，不需要考虑附加其他功能，主要考虑玩具的外形和材料。在选择设计对象时，儿童布绒玩具设计师可选择那些性情温顺的小动物，如小兔子、小鹿、小狗等，一般女孩比较喜欢与自己同性别的女孩形象的儿童布绒玩具，小男孩比较喜欢小熊、小马等体型较大一点的动物形象的儿童布绒玩具。在设计玩具造型时，儿童布绒玩具设计师可以选择自然状态下的造型，也就是说，身体没有定格为某个造型，这样的好处是可以给儿童留下充分的互动空间，让他们能摆弄儿童布绒玩具，如图 5-2 所示的情感安抚型儿童布绒玩具的姿势就可以被摆弄。另外，情感安抚型儿童布绒玩具的材料一定要柔软。为了避免部件脱落，情感安抚型儿童布绒玩具的眼睛、鼻子应尽量采用刺绣工艺来制作，如果其材质是塑料的，就要缝合牢固；其服饰也不适宜用纽扣、拉链等部件来装饰。

图 5-2　姿势可被摆弄的情感安抚型儿童布绒玩具

第二节　游戏互动型儿童布绒玩具设计

儿童布绒玩具的结构设计可预设 5 种游戏。为了便于在某一领域展开有序和深入的研究，儿童发展研究领域将儿童的发展分为四大方面。后来，随着儿童发展研究的不断深入和拓展，研究者在四大方面的基础上增加了文化性。因此，当下儿童的全面发展主要是指儿童的身体、认知、情感、社会性、文化性 5 个方面的发展。儿童的全面发展离不开各种游戏的支持，《3—6 岁儿童学习与发展指南》提出幼儿园的游戏是儿童的基本活动，并把幼儿园的游戏分为健康类游戏、语言类游戏、社会类游戏、科学类游戏、艺术类游戏 5 种，要求幼儿园将这些游戏落实到具体的教学活动中，不偏不废，均衡开展。本节主要结合主题为“虎部落”的儿童布绒玩具设计作品阐述如何在儿童布绒玩具中预设 5 种游戏。“虎部落”是以民间传统玩具——布老虎为形象设计原型而设计出的一系列儿童布绒玩具。该系列玩具的特点是，外形既有传统布老虎的特点，又符合当下比较流行的简洁风、萌宠风；通过形象、材料、服饰等细节设计预设了健康类游戏、语言类游戏、社会类游戏、科学类游戏、艺术类游戏。

一、儿童布绒玩具设计中的健康类游戏

健康类游戏是指有利于促进儿童身心健康发展的游戏。幼儿阶段是儿童身体发育和机能发展极为迅速的时期，也是形成安全感和乐观态度的重要阶段。发育良好的身体、愉快的情绪、强健的体魄、协调的动作、良好的生活习惯和基本生活能力是儿童身心健康的重要标志，也是其他方面发展的基础。

儿童的身心发育尚未成熟，需要成人的精心呵护，但成人不宜过度保护和包办代替，以免剥夺儿童自主学习的机会，使其养成过于依赖的不良习惯，影响其主动性、独立性的发展。

儿童布绒玩具可创设温馨的人际环境，让儿童充分感受到亲情和关爱，形成积极、稳定的情绪和情感。儿童布绒玩具设计师可在儿童布绒玩具中预设一些有益于帮助儿童养成良好的生活习惯的游戏。例如，图 5-3 所示的“虎部落”系列玩具中的拉链、长绳等设计可以让儿童练习脱、穿、系、解等一系列动作，可对儿童的生活自理能力起到一定的训练作用，同时可以促进儿童手部精细动作的协调发展。针对不同的儿童布绒玩具，儿童布绒玩具设计师可以设计不同的细节，如口袋、腰带、领带等，通过这些细节设计预设适宜学前儿童的健康类游戏。

图 5-3 “虎部落”系列玩具

（设计者：浙江师范大学儿童发展与教育学院动画专业 2012 级陈翔子）

二、儿童布绒玩具设计中的语言类游戏

语言类游戏是促进儿童语言发展的重要因素。语言是交流的工具，幼儿期是语言发展，特别是口语发展的重要时期。幼儿语言的发展贯穿于各个方面，也对其他方面的发展有着重要的影响：幼儿在运用语言进行交流的同时，也在锻炼其人际交往能力、理解他人和判断交往情景的能力、组织自己思想的能力。通过语言获取信息，幼儿的学习逐步超越个体的直接感知。

儿童布绒玩具设计师可以通过多种形式预设适宜儿童语言发展的游戏。儿童的语言能力是在交流和运用的过程中发展起来的，倾听和表达对儿童来说是语言发展的基础。在儿童布绒玩具表面，儿童布绒玩具设计师可以结合儿童的生活习惯预设一些儿童熟悉的情景，让儿童进行模仿，因为儿童习惯边模仿边说话。例如，图 5-4 所示的儿童布绒玩

具——拔牙虎，结合爱护牙齿的生活习惯，让儿童区分好牙与蛀牙；结合虎口拔牙的故事，让儿童倾听和复述故事。另外，儿童布绒玩具设计师还可以在儿童布绒玩具内放一些具备声音感应、录音与播放等功能的机芯，让儿童可以反复倾听和表达。例如，图 5-5 所示的是一个带有录音与播放功能的儿童布绒玩具——录音虎，它既可以为儿童提供情感陪伴，又可以促进儿童的语言发展。

图 5-4　拔牙虎

（设计者：浙江师范大学儿童发展与教育学院动画专业 2012 级孙梦瑶）

图 5-5　录音虎

（设计者：浙江师范大学儿童发展与教育学院动画专业 2012 级石欣怡）

三、儿童布绒玩具设计中的社会类游戏

社会类游戏是促进儿童的社会性不断完善并奠定健全人格基础的重要因素。良好的社会性发展对儿童的身心健康和其他方面的发展都有重要影响。儿童布绒玩具的巧妙设计可以替代生硬的说教来促进儿童的社会性发展。

儿童布绒玩具可为儿童营造温暖、关爱、平等的生活氛围，建立良好的亲子、师生及同伴关系，让儿童在积极、健康的人际关系中获得安全感和信任感，建立自信心和自尊心，在良好的社会环境及文化的熏陶中学会遵守规则，形成基本的认同感和归属感。因此，儿童布绒玩具设计师可以设计不同职业的角色形象或服饰，让儿童开展角色扮演游戏，体验他人的情感，以便促进儿童的社会性发展。

另外，儿童布绒玩具设计师还可以结合角色形象设计一些适合儿童与家人、同伴之间开展模仿与装扮活动的儿童布绒玩具，提供交往与互动的机会。例如，不同大小的系列儿童布绒玩具设计（见图 5-6）可以满足多娃家庭孩子的游戏需求，因为孩子喜欢模仿，相同的玩具可以让孩子们一起玩同一个游戏。又如，图 5-7 所示的是根据老虎形象设计的虎脚与虎尾巴，儿童与家人、同伴将其穿戴起来就可以一起玩游戏。

图 5-6　亲子虎

（设计者：浙江师范大学儿童发展与教育学院动画专业 2012 级石欣怡）

图 5-7　虎脚与虎尾巴

（设计者：浙江师范大学儿童发展与教育学院动画专业 2012 级陈翔子）

四、儿童布绒玩具设计中的科学类游戏

科学类游戏是一种针对儿童的预设科学学习于游戏中的游戏。儿童的科学学习是在探究自然事物和解决实际问题的过程中，尝试发现事物间的异同和联系的过程。儿童在探究自然事物和解决实际问题的过程中，不仅能获得丰富的感性经验，充分培养形象思维能力，还能初步尝试归类、排序、判断、推理，逐步培养逻辑思维能力，为其他方面的深入学习奠定基础。

儿童科学学习的核心是激发探究兴趣，体验探究过程，培养初步的探究能力。成人要善于发现和保护儿童的好奇心，充分利用自然和实际生活中的机会，引导儿童通过观察、比较、操作、实验等方法，学会发现问题、分析问题和解决问题；帮助儿童不断积累经验，并运用于新的学习活动中，形成受益终身的学习态度和能力。

儿童的思维特点是以具体形象思维为主，所以成人应注重引导儿童通过直接感知、亲身体验和实际操作进行科学学习，不应为追求让儿童掌握知识和技能，而对儿童进行灌输和强化训练。儿童布绒玩具是儿童喜欢的玩具，其具象化的卡通形象符合儿童的形象思维特点，非常适合用于开展科学类游戏。

在儿童布绒玩具设计中预设科学类游戏的途径较多，儿童布绒玩具设计师应结合不同年龄段儿童的发展特点，有针对性地进行设计。

（1）针对 3～4 岁的儿童，儿童布绒玩具设计师可以通过对儿童布绒玩具外在的图案、表层不同肌理的面料、一些口袋等进行设计和选择，为儿童提供一些探索的机会，满足儿童的好奇心。儿童布绒玩具设计师也可以通过内在的设计预设一些游戏。例如，儿童布绒玩具设计师可以在儿童布绒玩具的夹层安置一些会发出声音的小零件，如响纸、铃铛等，让儿童带着好奇心去摆弄玩具，探究声音的来源、分辨音色的差异等。

（2）针对 4～5 岁的儿童，儿童布绒玩具设计师可以通过结构设计，让儿童动手动脑。

例如，儿童布绒玩具设计师可以在儿童布绒玩具中设计一些可以动手操作的部件，如两两对应的子母扣、可以抽拉的软质长绳等，让儿童通过操作来探索物体之间的对应关系，以及感知空间、大小及数的概念等。

（3）针对 5～6 岁儿童，儿童布绒玩具设计师可以通过一些机械或感应类的机芯装置的设计，让儿童能经常动手动脑，通过探索寻找问题的答案，并乐在其中。例如，图 5-8 所示的是一个触摸后能发光的儿童布绒玩具——拍拍灯；图 5-9 所示的是一个带有机械装置的儿童布绒玩具——拉线虎，将老虎口中的小羊拉出并放手后，小羊可以自动归位。增加了这些装置，就增加了儿童与儿童布绒玩具互动的机会，以及让儿童探究的机会。

图 5-8　拍拍灯

（设计者：浙江师范大学儿童发展与教育学院动画专业 2012 级孙梦瑶）

图 5-9　拉线虎

（设计者：浙江师范大学儿童发展与教育学院动画专业 2012 级石欣怡）

五、儿童布绒玩具设计中的艺术类游戏

艺术类游戏是儿童感受美、表现美和创造美的重要形式，也是一种培养儿童艺术素养的工具。每个儿童心里都有一颗美的种子。促进儿童在艺术方面发展的关键在于充分创造条件和机会，在大自然和社会文化生活中激发儿童对美的感受和体验，丰富其想象力，提升其创造力，引导儿童学会用心灵去感受和发现美，用自己的方式去表现和创造美。

儿童对事物的感受和理解不同于成人，他们表达自己的认知和情感的方式也有别于成人。儿童独特的动作、语言往往蕴含着丰富的想象和情感，成人应对儿童的艺术表现给予充分的理解和尊重，不能用自己的审美标准去评判儿童，更不能为追求结果的完美而对儿童进行千篇一律的训练，以免扼杀其想象与创造的萌芽。

对儿童来说，感受美、表现美及创造美是艺术活动的内容。儿童布绒玩具设计师可以通过如下途径预设艺术类游戏。

美好的玩具形象可以直接给儿童带来美的感受。首先，美好的玩具形象离不开能散发正能量的气质，这种气质主要是指玩具形象传递给人的纯真、善良和爱意。其次，美好的玩具形象离不开玩具外在的造型美、色彩美及材料美。因此，儿童布绒玩具设计师应注重形和神的美感与和谐统一。

儿童布绒玩具设计师可以通过细节设计给儿童一些表现美的机会与媒介。例如，儿童布绒玩具设计师可以增加一些配件，让儿童对儿童布绒玩具进行装扮等（见图 5-10）。另外，在材料设计中，儿童布绒玩具设计师还可以选择儿童能自由涂鸦、清洗方便的面料，如图 5-11 所示的儿童布绒玩具的面料清洗方便，可以让儿童进行涂鸦，满足儿童的创作欲望。

图 5-10　变装虎

（设计者：浙江师范大学儿童发展与教育学院动画专业 2012 级陈翔子）

图 5-11　涂鸦虎

（设计者：浙江师范大学儿童发展与教育学院动画专业 2012 级孙梦瑶）

第三节　日常实用型儿童布绒玩具设计

将儿童布绒玩具与儿童的日常生活用品进行巧妙的结合，不仅能提高儿童的日常生活用品的趣味性、审美性，还能充分发挥儿童布绒玩具的柔软等优势，让儿童的日常生活用品既充满情趣，又有很高的安全性。

一、日常实用型儿童布绒玩具的类别

日常实用型儿童布绒玩具主要包括以下 4 种，它们基本上涵盖了儿童所有的日常生活用品。

1. 儿童服饰

儿童服饰包括儿童的衣服与饰品，如斗篷（见图 5-12）、发夹（见图 5-13）、手套（见图 5-14）、帽子（见图 5-14）、围巾（见图 5-14）等。

图 5-12　斗篷

图 5-13　发夹

图 5-14　手套、帽子与围巾

2．儿童家居用品

儿童家居用品主要是指儿童在家里需要用到的一些生活用品，如睡袋（见图 5-15）、收纳凳（见图 5-16）、骑凳（见图 5-17）等。

图 5-15　睡袋

图 5-16　收纳凳

（设计者：浙江师范大学儿童发展与教育学院动画专业 2022 级高静）

图 5-17　骑凳

3．其他生活用品

其他生活用品主要是指儿童在出行等其他各种生活场景中要用到的生活用品，如背包、零钱包（见图 5-18）、暖水袋（见图 5-19）、纸巾盒（见图 5-20）、水杯套（见图 5-21）等。

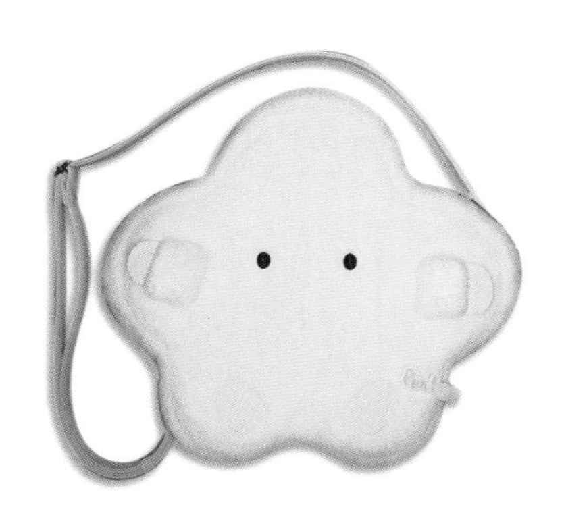

图 5-18　零钱包

（设计者：浙江师范大学儿童发展与教育学院动画专业 2020 级孙鑫宇）

图 5-19　暖水袋

图 5-20　纸巾盒

图 5-21　水杯套

4．儿童安全防护用品

儿童安全防护用品主要是指在日常生活中，预防儿童遭受意外伤害的一些安全用品（见图 5-22～图 5-25）。

图 5-22　儿童防跌倒玩具

图 5-23　儿童溜冰防摔装备

图 5-24　儿童防撞帽

图 5-25　儿童护膝

二、日常实用型儿童布绒玩具的设计方法

日常实用型儿童布绒玩具设计的关键点是如何将卡通形象与日常生活用品进行结合。这里的结合包含两种情形：一种是将卡通形象作为图形装饰应用在儿童布绒玩具中，这种结合比较简单，虽然可以达到外形美观的效果，但比较平淡，不能体现巧妙性、趣味性与娱乐性；另一种是将卡通形象与日常生活用品进行巧妙的同构，不论是整体的外形，还是局部的形态，在与日常生活用品进行同构时，都既利用了卡通形象，又与日常生活用品的外形、结构及使用习惯非常契合。例如，利用卡通形象的外形设计出一个零钱包（见图 5-26），卡通形象的嘴巴是零钱包的开口，构思非常巧妙。又如，将小象设计成坐姿的，刚好像一个有靠背的椅子，而小象的手臂正好像椅子的扶手（见图 5-27），这样的儿童座椅会让人感觉非常舒适且有安全感。

图 5-26　大头狗零钱包

（设计者：浙江师范大学儿童发展与教育学院动画专业 2016 级尹春红）

图 5-27　小象座椅

对于日常实用型儿童布绒玩具，儿童布绒玩具设计师可用以下两种设计方法进行设计。

1．将卡通形象作为儿童日常生活用品的外形

将卡通形象直接做成一个带有某种使用功能的产品，是日常实用型儿童布绒玩具设计中比较常用的方法。用这种方法设计出的产品，从表面上看是一个儿童布绒玩具，但又具有某种日常生活用品的实用功能，兼具趣味性与实用性，深受儿童喜爱。卡通形象的应用可分为卡通形象的整体应用与卡通形象的部分应用两种。

1）卡通形象的整体应用

将卡通形象进行整体应用是日常实用型儿童布绒玩具设计中比较常用的方法。儿童布绒玩具设计师在进行设计时，首先，应该根据日常使用场景，合理地选择卡通形象的造

型，如站、坐、趴等；其次，应该考虑卡通形象的哪一个部位与日常生活用品的适配度最高。卡通形象的整体应用可分为三维立体应用与二维平面应用两种，如图 5-28 所示的儿童布绒玩具保留了卡通形象的身体立体形态，为三维立体应用，形象更加直观、生动；图 5-29 所示的儿童布绒玩具为二维平面应用，虽然是平面的，但卡通形象的外形特点突出，也具有一定的识别度与趣味性。

图 5-28　卡通形象的整体三维立体应用示例

图 5-29　卡通形象的整体二维平面应用示例

2）卡通形象的部分应用

卡通形象的部分应用是指将卡通形象的某一部分做成一个日常生活用品。因为头部是大多数动物特征最突出的部分，仅头部的利用就能体现形象特点，所以儿童布绒玩具设计师常常将卡通形象的头部应用到日常实用型儿童布绒玩具的设计中。卡通形象的部分应用也分为三维立体应用与二维平面应用两种。卡通形象的部分三维立体应用示例如图 5-30 所示，将小狗的头部设计成一个背包，在背包内装入物品会使小狗的头部具有一定的三维立体感。卡通形象的部分二维平面应用示例如图 5-31 所示。

图 5-30　卡通形象的部分三维立体应用示例

图 5-31　卡通形象的部分二维平面应用示例

2．将卡通形象与日常生活用品进行同构

将卡通形象与日常生活用品进行同构，从视觉上看，卡通形象的外形与日常生活用品都比较完整、独立，但二者又通过某种连接方式被同构在一起。这种同构不是简单的组合，而是一种有机的组合、巧妙的组合。使用这种设计方法设计出的日常实用型儿童布绒玩具，其日常生活用品的功能显而易见，同时由于卡通形象的加入，其趣味性与美观性也得到提升。在具体设计中，将卡通形象与日常生活用品进行同构又分为将整体卡通形象与日常生活用品进行同构、将部分卡通形象与日常生活用品进行同构、将可拆卸的儿童布绒玩具与日常生活用品进行同构 3 种设计方法。

1）将整体卡通形象与日常生活用品进行同构

将整体卡通形象与日常生活用品进行同构是指将卡通形象完整的外形与某一生活用品进行结合。在这种设计方法中，卡通形象又分为三维立体的整体卡通形象与二维平面的整体卡通形象。例如，将三维立体的整体金钱豹形象与发箍进行同构，将金钱豹的臀部与发箍连接起来，好似金钱豹坐在发箍上，如图 5-32 所示。又如，将二维平面的整体兔形象与背包进行同构，给人的感觉是兔被装在背包里，只露出了头、前腿和脚，这种设计方法非常和谐、巧妙，使原本普通的背包有了一些活泼感，如图 5-33 所示。

图 5-32　将三维立体的整体金钱豹形象与发箍进行同构

图 5-33　将二维平面的整体兔形象与背包进行同构

2）将部分卡通形象与日常生活用品进行同构

将部分卡通形象与日常生活用品进行同构是指将卡通形象的部分外形与某一生活用品进行结合。其中，卡通形象也分为三维立体的部分形象与二维平面的部分形象。这种设计方法不仅可以提高产品的美观性与趣味性，还可以凸显产品的功能性。例如，将部分三维立体的金钱豹形象与发箍进行同构（见图 5-34），提高了发箍的趣味性。又如，将部分二维平面的小猪形象与儿童护膝进行同构（见图 5-35），既提升了护膝的颜值，又增

强了护膝的功能性，因为狮子的头部增加了膝盖处的厚度，提高了柔软性，可以保护儿童的膝盖，使儿童爬行时更加舒适。

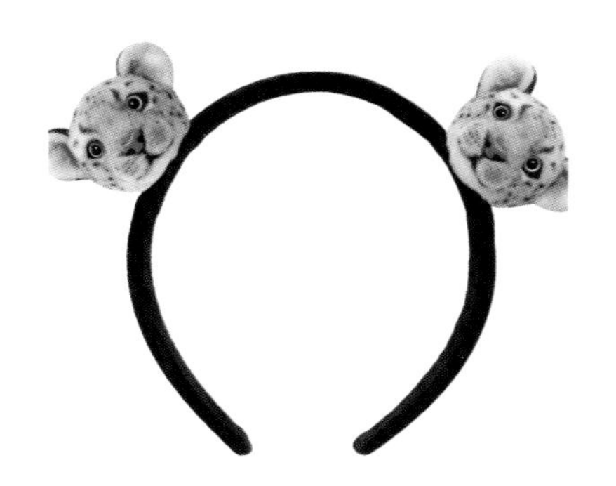

图 5-34　将部分三维立体的金钱豹形象与发箍进行同构

图 5-35　将部分二维平面的小猪形象与儿童护膝进行同构

3）将可拆卸的儿童布绒玩具与日常生活用品进行同构

儿童布绒玩具设计师通过对一些日常生活用品的局部结构或材料进行设计，可以让儿童对儿童布绒玩具进行安装和拆卸操作。这种设计方法可以提高儿童布绒玩具的互动性与趣味性，也使得儿童布绒玩具便于清洗。例如，图 5-36 所示的水杯套与卡通形象的同构非常好，好像一只大熊猫紧紧抱着一株竹子，而“竹子”其实就是水杯套；水杯套外面与卡通形象的腹部都安装了魔术贴，这样安装和拆卸都非常方便。又如，图 5-37 所示的儿童背包外面有一块布，这块布上有孔，刚好可以让小兔子的腿伸出来，儿童可以把小兔子安上去、取下来，被取下来的小兔子还可以作为单独的玩具供儿童玩耍，这样的设计非常巧妙。

图 5-36　儿童布绒玩具可拆卸的水杯套

图 5-37　儿童布绒玩具可拆卸的儿童背包

第四节　早教启智型儿童布绒玩具设计

儿童布绒玩具设计师可以通过在儿童布绒玩具中安置各种类型的机芯来提高儿童布绒玩具的可玩性、可用性及效能。功能单一、可玩性不高的玩具的效能较低；功能丰富、可玩性高的玩具的效能较高。玩具的可玩性、可用性对儿童的身心发育有帮助，如内置具有讲故事、播放音乐等功能的机芯的儿童布绒玩具可促进儿童的语言表达能力的发展，提高儿童的艺术审美素养，激发儿童的想象力等。只能刺激儿童单一感官的玩具的效能较低；能同时刺激儿童的多种感官，或通过变换方式刺激儿童的多种感官的玩具的效能较高。因此，在儿童布绒玩具内安置具有讲故事、播放音乐等功能的机芯，不仅可以使儿童布绒玩具发挥其特有的情感陪伴功能，还可以使儿童布绒玩具充分发挥其早教功能，促进儿童不同能力的发展。

目前，我国在玩具机芯的研发方面已具备一定的国际水平，可以自行生产并出口各种玩具机芯。国内已有多家专门从事声控、光控、触摸、延时等集成电路的封装技术开发与应用的高科技企业。这些企业生产的电子音乐盒、语音盒（触发式和声控式）、录放语音盒等被广泛应用在儿童布绒玩具中。如今，各种集成电路被广泛应用在电子玩具、工艺品、报警器、音乐盒、家用电器、贺卡、电子钟表、计算器、节日灯等产品中。如果使用者对封装形式有特殊要求，那么相关企业还可以专门进行设计与制作。声、光、时集成电路芯片，驻极体电容传声器等产品及一些应用产品（如语音图书、钥匙链、袖珍语音录放器等），还能提供印刷线路板及其他配件。这些玩具机芯的发展，为儿童布绒玩具的创新提供了有力的技术支持。

儿童布绒玩具设计师在设置内置机芯的儿童布绒玩具时，一定要处理好机芯、电池盒、开关、充电口等配件与儿童布绒玩具之间的结构关系。首先，儿童布绒玩具设计师要考虑儿童布绒玩具的安全性。一般来说，机芯的体积较大，适合安置在体量较大的部位里面，如儿童布绒玩具的肚子、头部等部位，这样，机芯就可以被填充料充分包裹，不易脱落，也可以使儿童布绒玩具触摸起来不会有硬物感。电池盒、充电口等配件最好被安置在较隐秘的位置，避免被儿童抠出来。儿童的好奇心很强，看到玩具上有他们认为奇怪的东西，可能会不停地拨弄它们，这样就容易抠掉它们，造成误食。为了避免儿童自行拆开部件，有些儿童布绒玩具设计师进行了巧妙的设计。例如，图 5-38 所示的小狗音乐玩具内置了八音盒，无须电池即可发声；安全拉链需要用一根回形针穿过拉链下层铁片，向上挑起，才能被打开，这些操作只有成人才能完成，儿童不可能轻易打开拉链，抠出八音盒。

其次，儿童布绒玩具设计师要考虑儿童布绒玩具的美观性。例如，开关的设计最好与

卡通形象有机结合，不能显得突兀。儿童布绒玩具设计师可以将卡通形象的身体的某一部位与蝴蝶结、纽扣等装饰品进行结合，这样的设计比较巧妙、和谐。例如，图 5-39 所示的小海马音乐玩具将开关设计在小海马脚底，用一个音乐符号进行标记，完全没有破坏该玩具的外形，这样的设计非常巧妙。

图 5-38　小狗音乐玩具的正面及其拉链

图 5-39　小海马音乐玩具

（设计者：浙江师范大学儿童发展与教育学院动画专业 2022 级毛寒蓥）

拓展阅读

1．让·皮亚杰．儿童的语言与思维[M]．傅统先，译．北京：文化教育出版社，1980．

2．海伦·佩恩．早期教育质量：国际视角[M]．潘月娟，杨晓丽，宋贝朵，译．北京：教育科学出版社，2018．

3．黄希庭，毕重增．心理学[M]．2 版．上海：上海教育出版社，2020．

思考与练习

请进行情感安抚型儿童布绒玩具设计、游戏互动型儿童布绒玩具设计、日常实用型儿童布绒玩具设计、早教启智型儿童布绒玩具设计，要求如下。

（1）采用 A3 版式，用三视图来表现。

（2）进行卡通动物形象的儿童布绒玩具设计，要使儿童布绒玩具具有游戏功能。

第六章　儿童布绒玩具的制作流程

导读：

通过学习本章，学生应了解儿童布绒玩具的基本制作流程，以及每个流程中的重点、难点与操作方法；掌握图易玩具设计系列软件的操作方法，了解现代儿童布绒玩具的数字化设计与制作流程。

第一节　设计、造型、开版与算料

设计、造型与开版是儿童布绒玩具研发的 3 个关键环节，主要完成设计方案的可视化、立体模型造型与开版，为后期的裁剪面料、缝合成型等环节做好充分的准备工作。设计、造型与开版 3 个环节依次进行，如果顺利，就不需要反复。但是，如果利用版型做出来的实物与设计方案有出入，这个过程就会有一定的反复，视具体情况而定。如果是设计的问题，就需要修改设计方案；如果是造型或开版的问题，就需要修改模型或重新开版，直至做出来的实物达到理想效果为止。

一、设计

设计方法有 3 种。一是先在纸上进行手绘，确定儿童布绒玩具的造型（包括各种细节），再将手绘图形拍成电子图片，导入图易三维造型软件中，作为建模的依据。

这种设计方法比较灵活，不受计算机的限制，对于创意图形，可以做到信手拈来。二是先手绘出设计初稿，仅确定儿童布绒玩具大致的比例与动态，没有精确的细节，再将设计初稿导入图易三维造型软件中，用软件完善设计方案。这也是常用的设计方法。利用这种设计方法，儿童布绒玩具设计师能够享受自由创意的感觉，也能够借用软件完善设计方案。三是没有手绘的设计图，直接在图易三维造型软件中进行构思。这种设计方法看起来比较快速，但是也有一定的局限性：儿童布绒玩具设计师在构思的同时要顾及技术问题，所以不能做到思维流畅自如，最终很难得到理想的设计方案。无论是初学者还是经验丰富的儿童布绒玩具设计师，笔者都建议用前面两种设计方法进行儿童布绒玩具设计。

二、造型

造型环节的主要工作是用图易三维造型软件制作儿童布绒玩具的三维模型，为接下来的开版环节提供模型。

1. 图易三维造型软件的操作流程与方法

图易三维造型软件的界面如图 6-1 所示。儿童布绒玩具造型的操作方法按先后顺序划分一般有 13 种。在制作某些模型的时候，这 13 种操作方法不一定都用得上，至于要用多少种操作方法，可视具体设计方案而定。

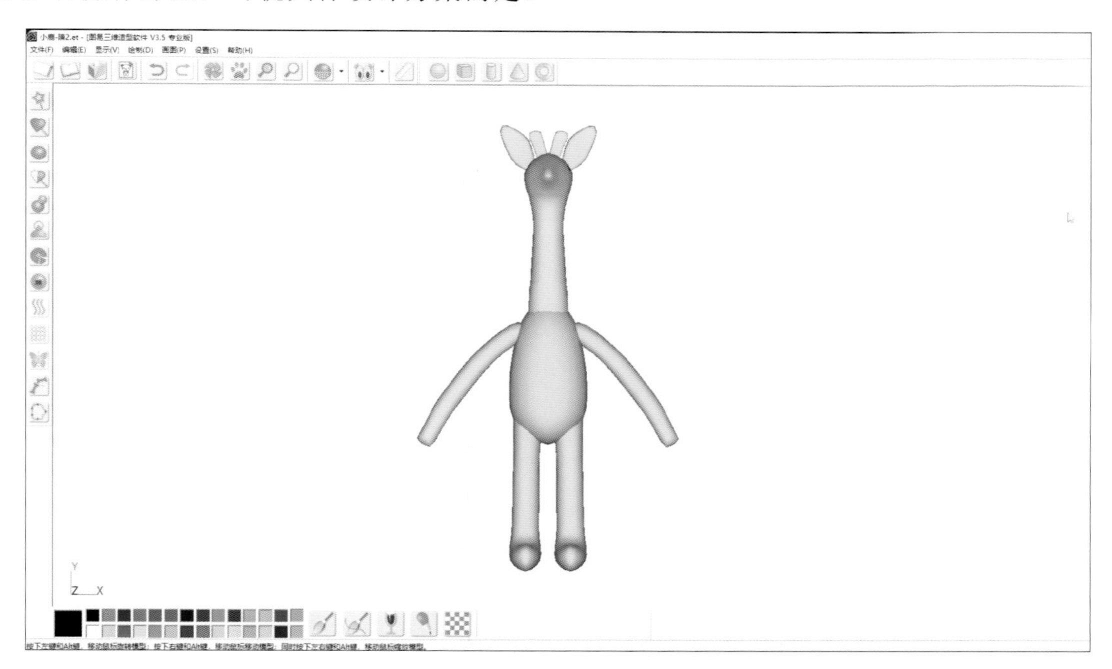

图 6-1　图易三维造型软件的界面

（1）输入平面设计图：输入的平面设计图可以作为设计三维模型的参考。在三维模型做好后，就可以删除平面设计图。

（2）草图绘制：绘制二维轮廓线，并将其直接用于生成三维模型。草图的轮廓线可以被转化为曲线，通过改变曲线的控制顶点编辑曲线的形状，儿童布绒玩具设计师更容易把握三维模型的形状。

（3）生成基本几何体：直接生成基本几何体，包括球体、立方体、圆锥、圆柱体等。

（4）回转体绘制：用绘制草图的方法绘制一根近似对称的轮廓线，直接生成三维的回转体。

（5）布尔运算：模型的并、差、交操作，可以将两个模型合并为一个模型，用一个模型减去另外一个模型，或者获取它们之间的相交部分。

（6）模型切割：将三维模型的一部分切除。

（7）网格操作：提高模型网格的质量，包括网格简化、表面光滑和网格细化。

（8）模型对称：将不对称的模型生成对称的模型，也可以对模型进行对称复制。

（9）模型变形：改变三维模型的形状，包括局部变形、关节变形和轮廓变形。

（10）三维彩绘：为三维模型的表面上色，包括画笔、曲线、填充、取色和贴图等功能。

（11）部件库管理：将设计好的三维模型保存到部件库中，也可以从部件库中取出部件，实现设计模型的重复使用。

（12）尺寸设置：可以测量模型的尺寸，也可以输入尺寸改变模型的形状。

（13）输入与输出：可以输出标准的3D格式（包括OBJ和STL格式）的文件，导入其他3D软件中；也可以将OBJ格式的文件导入图易三维造型软件中。

2. 计算机造型的注意事项

（1）在建模之前设定好自动保存的时间，如每5分钟保存一次、每10分钟保存一次，以免在画图过程中出现意外而导致前功尽弃。

（2）三维模型的尺寸要设定好。对初学者来说，将三维模型的尺寸设定得大一点比较好。因为三维模型的尺寸小，儿童布绒玩具的细节部分会非常小，制作难度比较大。一般来说，对于四腿比较细长的三维模型，应将尺寸设定得大一点。站姿的儿童布绒玩具的高度应不低于50cm，类似经典坐姿的泰迪熊的高度应不低于45cm。四腿站立的儿童布绒玩具的高度应不低于45cm，四腿比较细长的儿童布绒玩具的尺寸在此基础上应适度增加。初学者可以将这些尺寸作为参考。

（3）在三维模型制作完成后，从不同的视角（如后视、左视、右视、俯视、仰视等）全方位检查三维模型的动态、结构等。

（4）对于对称的设计图形，用软件制作的三维模型一定要身形中正，而且最好用网格模式进行检查，查看该对齐的中心线（如头部和躯干的中心线）是否对齐。对于非对称的设计图形，一定要注意三维模型的重心。

（5）三维模型的外形及结构线应光滑平顺，不要有细小的起伏。

三、开版

开版环节的主要工作是利用图易开版软件进行儿童布绒玩具的开版，为后期的裁剪面料环节准备好版型。图易开版软件的界面如图 6-2 所示。在开版前，儿童布绒玩具设计师一定要用图易三维造型软件制作好儿童布绒玩具的三维模型。

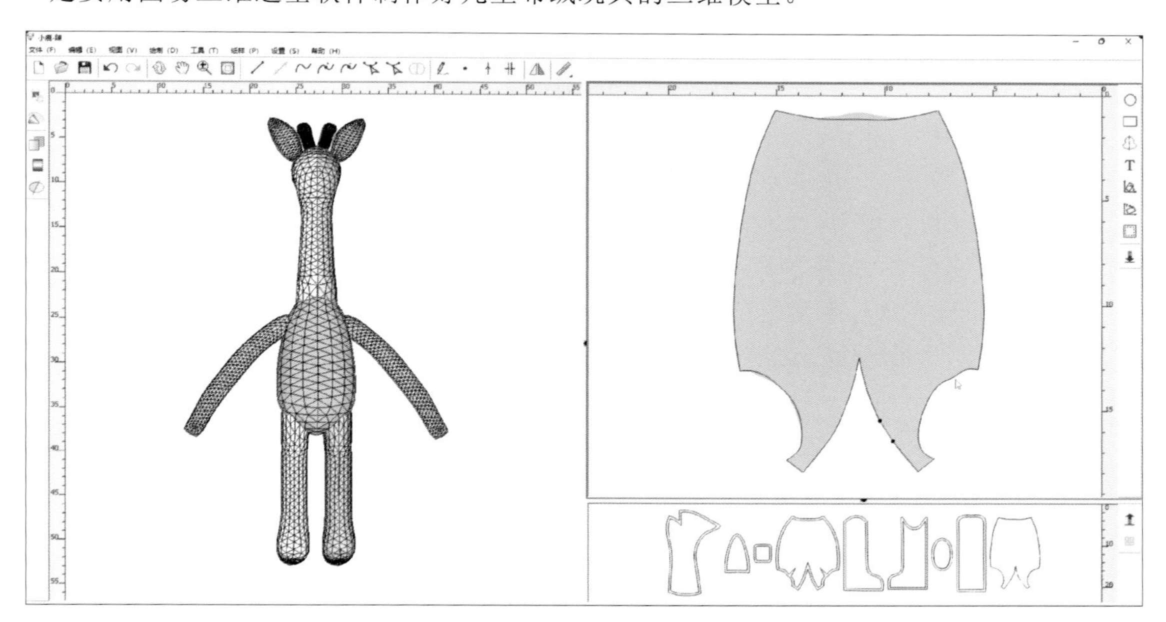

图 6-2　图易开版软件的界面

1. 图易开版软件的操作流程与方法

（1）绘制缝合线：在三维模型上绘制缝合线，将三维模型的表面分割为多块区域。图易开版软件提供了一系列绘制缝合线的工具，包括直线、曲线、延长线、相交线等。

（2）曲面展开：图易开版软件可以自动将三维模型的表面展开为二维的纸样，准确度高；可以通过曲面的变形量自动检查纸样设计的合理性。

（3）工艺设置：在图易开版软件中，可以设置点位、毛向、文字等基本的工艺设计元素。

（4）拉片与内衬：图易开版软件提供了拉片与内衬纸样的设计工具。

（5）纸样编辑：图易开版软件提供了一系列编辑纸样的工具，用于修改纸样的形状，包括对称、变形、合并、边界长度调整等。

（6）纹理贴图：图易开版软件提供了纹理贴图和编辑的基本功能，包括缩放、移动与旋转。

（7）尺寸修改：在图易开版软件中，任意改变三维模型的尺寸，纸样将自动随之改变。

（8）设置缝合边：在图易开版软件中，可以设置缝合边的宽度，并自动生成缝合边。

（9）尺寸测量：图易开版软件提供了多种测量工具，可以测量长度、距离、角度等。

（10）纸样模板：在图易开版软件中，可以将修改好的纸样保存为模板，便于纸样的重复使用。

（11）输入平面设计图：在图易开版软件中，可以输入手工修改后的纸样图片，以修改纸样的形状。

（12）输入与输出：在图易开版软件中，可以将设计好的纸样进行排版，并直接用打印机打印出来；可以直接导入图易三维造型软件保存为 ET 格式的文件，也可以导入其他 3D 软件设计的 OBJ 格式的文件，进行纸样排版。图易开版软件设计好的纸样可以被保存为 DXF 或 PLT 格式的文件，并被导入其他 CAD（Computer Aided Design，计算机辅助设计）系统中。在排版之前，要确认一下模型尺寸，查看模型尺寸是否与最初的设计一致。在排版时，要选择 A3 纸张，因为纸张大可以保证纸样的完整性。

（13）剪纸样：在计算机开版完成后，将纸样打印出来，用剪刀剪出纸样的形状（见图 6-3）。至此，儿童布绒玩具的开版基本完成。

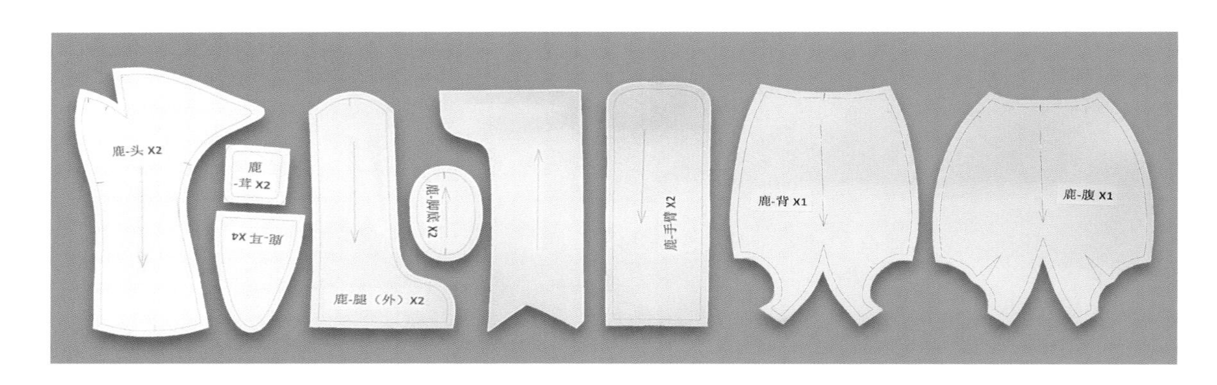

图 6-3　剪好的纸样

2．计算机开版的注意事项

（1）检查纸样是否有遗漏。

（2）对于对称的纸样，一定要用对称线进行调整。

（3）检查每片纸样的外形，不要有细小的起伏，要将外形调整平顺。

（4）一定要标注点位、毛向，以及每片纸样的名称和代表裁片数量的数字。

（5）对初学者来说，缝合边的宽度可以适当大一点，一般以 0.6～0.8cm 为宜。

（6）在开版完成后，可用手机拍摄开版后不同角度的模型图，方便缝合时进行对照。

四、算料

算料环节的主要工作是针对儿童布绒玩具批量生产进行准备。儿童布绒玩具设计师在

开版环节已经确定了儿童布绒玩具设计方案的尺寸和所有纸样，现在可以按企业的生产计划给出面料的预算了。图易算料软件的界面如图 6-4 所示。

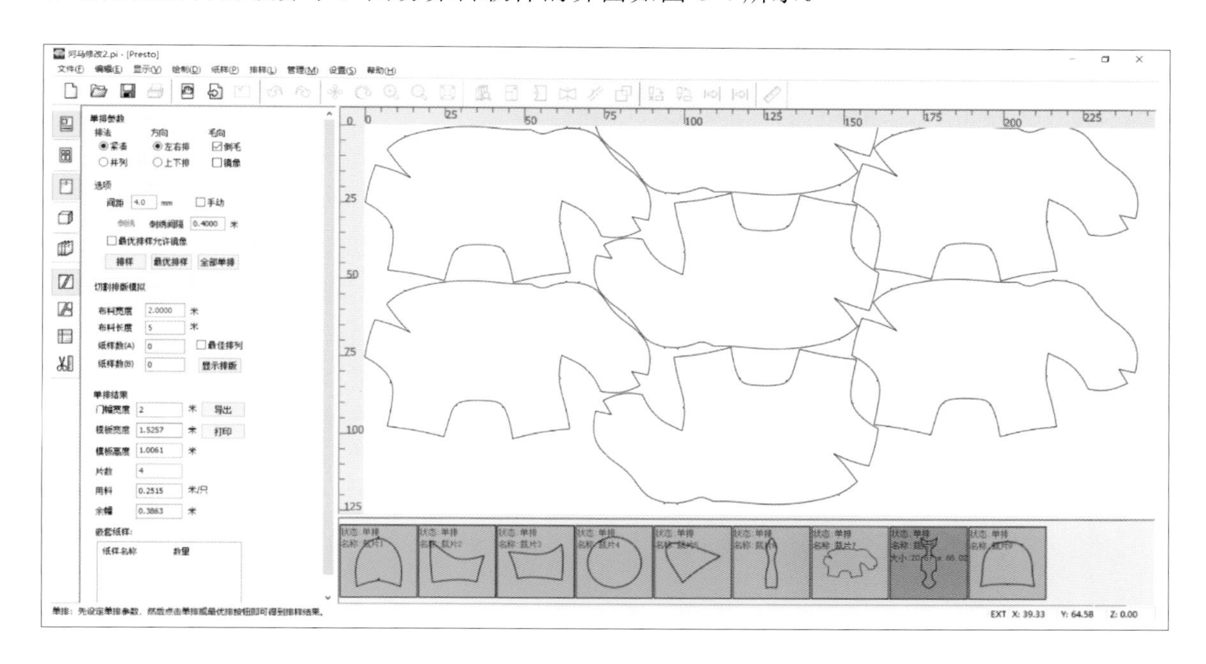

图 6-4　图易算料软件的界面

1．图易算料软件的操作流程与方法

1）数据导入

（1）扫描输入：将手工设计的纸样输入计算机中；采用扫描仪输入，自动识别纸样的边界，获得的纸样具有很高的精度；可以同时输入多片纸样；采用 A3 扫描仪可以将大部分纸样输入计算机中；对于尺寸太大的纸样，可以分次扫描，通过纸样合并获得完整的纸样。

（2）开版数据导入：由图易开版软件设计的纸样，可以被直接导入图易算料软件中。

（3）DXF 数据导入：可将其他软件生成的纸样数据以 DXF 格式的文件导入图易算料软件中。

2）纸样设计

（1）纸样绘制：图易算料软件可以通过各种绘制工具设计纸样的形状。

（2）参照平面设计图进行设计：在输入产品的平面设计图后，图易算料软件可以参照平面设计图设计纸样的形状，并设计出同比例大小的纸样。

（3）纸样库自动匹配：在用草图绘制出纸样的大致形状后，图易算料软件可以自动从纸样库中搜索出最佳匹配的纸样并做修改，从而得到符合要求的纸样。

3）纸样管理

（1）产品库管理：在将纸样输入计算机后，图易算料软件可以将产品、纸样、报价、工艺等信息保存到数据库中，便于管理。另外，纸样还可以用于新产品的设计。

（2）纸样放码：图易算料软件可以将产品的尺寸任意放大或缩小，生成不同尺寸的纸样。纸样放码考虑了缝合边的因素，可实现准确的纸样缩放，而不需另外处理缝合边。在改变尺寸后，图易算料软件可以立即更新算料的结果。

（3）纸样输出：在将纸样进行打印预排后，图易算料软件可以用打印机或绘图仪将纸样进行等比例输出，或者保存为 PLT 或 DXF 格式的文件。

4）排版算料

（1）纸样排版：图易算料软件提供了单排与组合排两种算料排版方式，可以自动算出纸样排列最紧凑的方式，同时能够进行嵌套和充分利用余幅。

（2）工时估算：车缝的工时是产品成本估算中最难准确估算的部分，图易算料软件根据缝合线的长度、纸样的数量和形状，推导出一套科学的计算公式，能够自动估算车缝的工时；对应计算机开版的数据，可以自动计算出产品的体积，在产品制作出来之前就能够估算出产品的填充料的用量。

（3）报表管理：在完成算料排版后，图易算料软件即能自动显示排版结果、排版图、面料的详细报价报表；在输入辅料、包装、工资和其他费用后，图易算料软件能自动生成成本核价报表；报表可以被保存为通用的格式，并能被打印出来；报表中的单位可以根据需要选择米、码、只、打等，货币的计量也可以选用不同的币种。

5）工艺管理

（1）模拟切割排版：图易算料软件具有模拟切割排版的功能——输入面料的宽度与长度，自动按最紧密的方式显示裁片的排列；排列的结果可以被保存为 PLT 和 DXF 格式的文件，直接为激光切割机所利用。

（2）工艺单管理：图易算料软件可以将产品的制作工艺要求做成产品工艺单和样板工艺单。

2．计算机算料的注意事项

（1）先排较大的纸样，再按从大到小的顺序依次进行排列。

（2）注意大、小纸样的穿插排列，要善于利用大片纸样之间的空隙来排列小片纸样。

（3）注意纸样标记的毛向。

第二节　材料准备及常用的工具

一、面料

用于制作儿童布绒玩具的面料的种类很多，其中以不同毛高的毛绒和布为主。毛绒的

手感柔软，毛感仿真效果好，适合制作各种动物形象的儿童布绒玩具，因此在儿童布绒玩具中，毛绒的使用略多于布。儿童布绒玩具中的布玩具是采用表面比较平整的布制作而成的，而毛绒玩具则是采用表面有绒或有一定毛高的长毛绒制作而成的。这两种面料除自身可以单独使用外，还可以相互搭配使用。

我国早期的儿童布绒玩具的种类单一，造型简单，使用的面料只有灯芯绒、平绒、富来绒、平布、卡其布等。随着纺织品行业及进出口贸易的发展，各种新型的优质面料不断出现，如化纤尼龙薄绒、短绒、长毛绒、纯棉、涤棉、汗衫布、毛巾布、无纺布等。近年来，我国不仅直接大量引进了韩国面料、日本高档仿真面料，还引进了韩国、日本的纺织品生产设备，以及进口原产纱，生产出了多种优质的国产面料。最常见的毛高为 4mm、8mm 的普通化纤面料迅速占领了我国的市场。高档的 TB 料、长短毛料、长毛的海派料等许多系列性面料应运而生。辅料有天鹅绒、金丝绒、富贵绒、毛高为 2.5mm 的短绒、尼龙薄绒。无纺布、金布、针织面料、革等各种面料先后出现。近年来，我国涌现出许多玩具面料企业，各种新型的优质面料不断出现，使得儿童布绒玩具的面料的种类更加丰富。

20 世纪末，儿童布绒玩具的面料的发展速度更加迅猛，市场上有各种面料，风格独特。在毛高规格不一、克重不一的毛绒中，高、中、低档的南韩绒至今在市场上流行不衰。它的主要成分是涤纶，分为无光和半光两种。南韩绒（见图 6-5）的质地非常细腻，手感非常柔软、丝滑，不会掉毛，也不会起球，风格千变万化，对皮肤没有刺激，可以让儿童长期接触。其他用得较多的儿童布绒玩具的面料还有海姆绒（见图 6-6）、羊羔绒（见图 6-7）、拖把绒（见图 6-8）、赛乐绒（见图 6-9）、珊瑚绒（见图 6-10）、珍珠绒（见图 6-11）、摇粒绒（见图 6-12）、松针绒（见图 6-13）、仿真绒（见图 6-14）、超柔短绒（见图 6-15）等。近年来，各类不同风格的印花面料，尤其是物美价廉的印花单面绒（见图 6-16）更为流行。

图 6-5　南韩绒

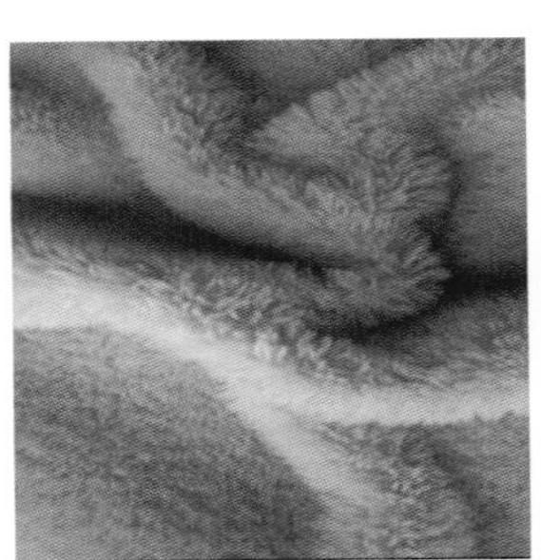

图 6-6　海姆绒

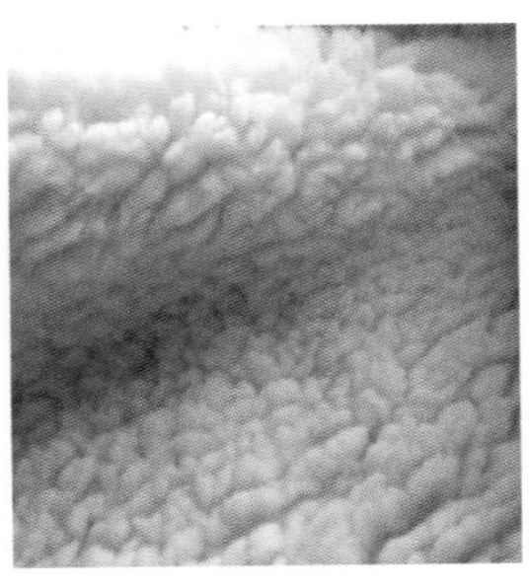

图 6-7　羊羔绒

图 6-8　拖把绒

图 6-9　赛乐绒

图 6-10　珊瑚绒

图 6-11　珍珠绒

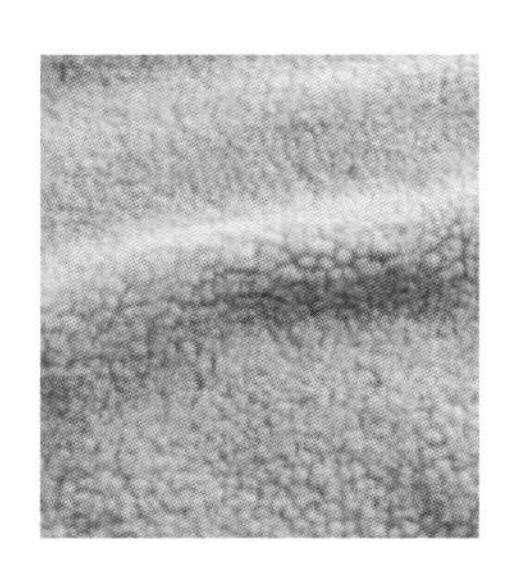
图 6-12　摇粒绒

图 6-13　松针绒

图 6-14　仿真绒

图 6-15　超柔短绒

图 6-16　印花单面绒

布的种类更是不胜枚举，有小碎花布（见图 6-17）、格纹布（见图 6-18）、条纹布（见图 6-19）、牛仔布（见图 6-20）、平绒布（见图 6-21）、条绒布（见图 6-22）、毛巾布（见图 6-23）、人造革（见图 6-24）等。

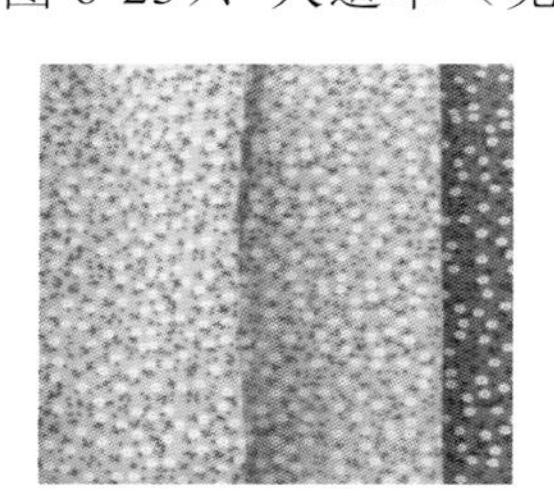
图 6-17　小碎花布

图 6-18　格纹布

图 6-19　条纹布

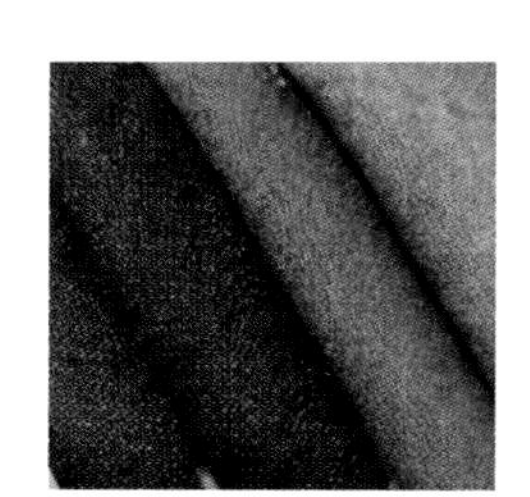
图 6-20　牛仔布

图 6-21　平绒布

图 6-22　条绒布

图 6-23　毛巾布

图 6-24　人造革

粗略地讲，面料的质地是指它的一些基本特征，如软、硬、光滑、粗糙、细腻、干涩、透明、轻薄、厚重等。因此，儿童布绒玩具给人的感觉在很大程度上取决于面料的质地。

从柔软、舒适的角度来选面料，首选为长毛绒，绒越厚效果越好，而且既容易制作，又能掩盖手工的痕迹，但成本较高；其次是呢子、绒布，呢子玩具的质地粗、手感好、

易清洗、易制作，各种绒布（如条绒、平绒、针织拉绒等）的质感也较好，制作出的儿童布绒玩具细腻、柔和。

较轻薄的尼龙绸、涤棉、细棉布适合制作蓬松的大儿童布绒玩具，由于其质地细，因此做工需要细致。

对于质地较粗的面料，在塞填充料时要满、实；对于质地较细的面料，在塞填充料时要蓬松，不必紧实。

质地的粗细各具妙用，故常常相互搭配。例如，用呢子制作脸、手，用绒布制作衣服。又如，为质地粗的呢子玩具配上丝质的发带、领结、衣服等。总之，要体现粗细的对比，如呢子小熊的嘴和胸前的绒毛可用长毛绒或柔软的绒布来制作，就会显得可爱、协调。

在对儿童布绒玩具的左、右两侧进行拼布时，选择的面料在弹性、厚薄等方面应尽量相似，否则会因为左、右两侧的伸缩性不一致而导致儿童布绒玩具歪斜、变形。

初学者适宜用毛高较短的面料制作儿童布绒玩具。虽然布比较平整，在裁剪、缝合等环节相对毛绒来说更易操作，但是缝合的瑕疵容易暴露。由于毛高较长的毛绒面料在制作时难度较大，因此初学者最好选择毛高为 2mm 左右的短毛绒，这样既容易操作，又可以掩盖由于缝合技术不熟练而产生的一些瑕疵。

二、线材

根据儿童布绒玩具的工艺特点，我们一般需要用到 3 种线材：缝纫线、手工线及毛衣线。

1. 缝纫线

缝纫线（见图 6-25）是缝纫机器用的缝合线。这种线一般绕成下大上小的宝塔形状，主要起到使机器吃线流畅的作用。缝纫线有粗细之分，卖家会根据缝纫线的粗细用不同的型号进行区分。常用的缝纫线型号有 202、203、402、403、602、603 等。通常而言，202 线和 203 线也称牛仔线，线较粗，强度大，多用于牛仔布等面料的缝纫；402 线和 603 线基本可以通用，是最普通的缝纫线，可用于一般面料的缝纫，如棉、麻、涤纶、黏胶纤维等各种常用的面料；403 线用于较厚面料的缝纫，如呢制面料；602 线多用于较薄面料的缝纫，如夏季的真丝、乔其纱等。另外，在儿童布绒玩具的缝合过程中，我们还需根据面料搭配颜色一致或相似的缝纫线，以便保证制作出的儿童布绒玩具具有较高的品质。有时候，如果缝合的对象需要装饰性的线迹，那么缝纫线的颜色选择应另当别论，如儿童布绒玩具的牛仔服饰需要通过缝纫明线进行装饰，所以可以用与面料颜色不同的缝纫线。

2．手工线

手工线（见图 6-26）主要用于需要进行手工缝制的部位的制作，如返口、五官等。手工线的用量少，所以小卷线即可满足需求。小卷线轻巧，方便收纳。

3．毛衣线

毛衣线（见图 6-27）主要用于儿童布绒玩具的头发、五官、胡须、尾巴等部位的制作。毛衣线的粗细、花色应根据设计需求选择。

图 6-25　缝纫线

图 6-26　手工线

图 6-27　毛衣线

三、填充料

填充料是填充于儿童布绒玩具里面的材料，可以增加儿童布绒玩具的饱满度，使之产生立体感、挺括感和丰满感，是儿童布绒玩具成型必不可少的材料之一。填充料大多蓬松、柔软，相互之间具有空隙，能够储存大量空气，具有良好的回弹性，不易变形。填充料包括起定型作用的定型类填充料和起承重作用的粒子类填充料。

儿童布绒玩具常用的填充料有絮状填充料与颗粒填充料，其中 PP 棉（见图 6-28）、珍珠棉（见图 6-29）、泡沫颗粒（见图 6-30）是 3 种比较常用的填充料。

图 6-28　PP 棉

图 6-29　珍珠棉

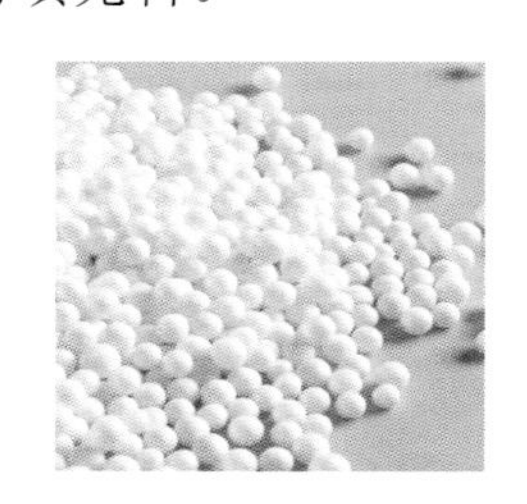
图 6-30　泡沫颗粒

四、五官材料

五官在儿童布绒玩具的造型设计中是重点之一。目前，有专门生产儿童布绒玩具五官材料的企业，其生产的五官材料的种类繁多、造型各异。

1．眼睛

常用的儿童布绒玩具的眼睛有以下 3 种：黑色眼睛、仿真眼睛及卡通眼睛。

（1）黑色眼睛。黑色眼睛的风格比较中性、简约，可以用于不同形象的儿童布绒玩具。黑色眼睛又分为两种类型：黑色光头扣眼睛（见图 6-31）与黑色螺纹脚眼睛（见图 6-32）。这两种眼睛从外形上看不出差异，不同之处主要在于眼睛背面的结构：黑色光头扣眼睛背面的结构与纽扣的结构相同，它可被缝到儿童布绒玩具上；黑色螺纹脚眼睛的安装方法是先将眼睛的螺纹脚直接插进儿童布绒玩具中，再将垫片安装到螺纹脚上。

（2）仿真眼睛。仿真眼睛（见图 6-33）的形状为半球形，颜色有红色、棕色、绿色、蓝色等。其中，棕色眼睛的大小规格齐全，常用在写真玩具上。

（3）卡通眼睛。卡通眼睛（见图 6-34）的造型各异，眼睛的底坯有椭圆形的、圆形的等；在类别上又分单眼类、双联眼类。卡通眼睛的规格齐全，常应用在造型夸张、生动可爱的卡通玩具上。

图 6-31　黑色光头扣眼睛

图 6-32　黑色螺纹脚眼睛

图 6-33　仿真眼睛

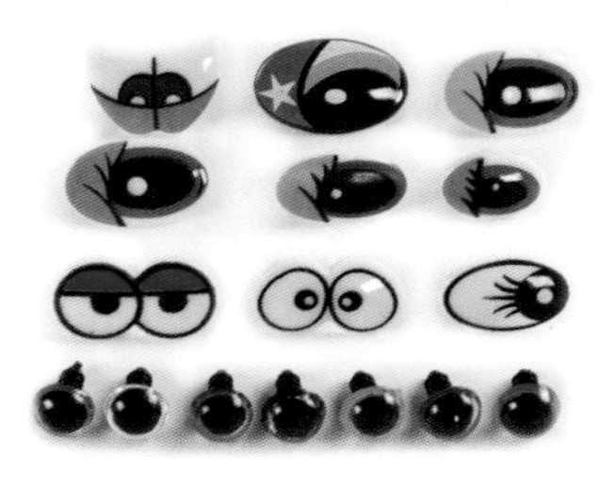
图 6-34　卡通眼睛

2．仿真鼻

仿真鼻（见图 6-35）的造型各异，规格齐全。按形状分，仿真鼻有圆形的、椭圆形的、三角形的和写实形的等；按材料分，仿真鼻有塑料的、植绒的等；按颜色分，仿真鼻有黑色的、棕色的、红色的等；按处理工艺分，仿真鼻有亮光的和亚光的。

图 6-35　儿童布绒玩具常用的仿真鼻

3．嘴巴

企业会根据设计需要，专门针对某一儿童布绒玩具形象生产嘴巴。例如，图 6-36 所示的是专门为小鸭子生产的嘴巴，图 6-37 所示的是专门为人物生产的嘴巴，这样的嘴巴能充分表现儿童布绒玩具的外形特点。

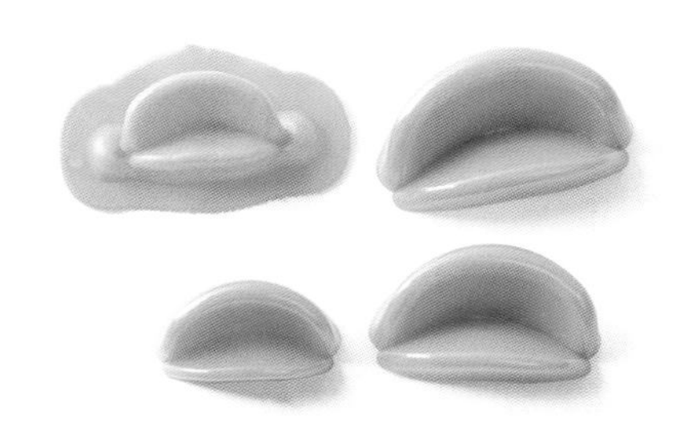

图 6-36　专门为小鸭子生产的嘴巴

图 6-37　专门为人物生产的嘴巴

除上述材料之外，计算机绣眼睛、鼻子，丝网印眼睛、鼻子也被广泛应用在儿童布绒玩具上。一些形态各异的塑胶、金属与木质纽扣也常常充当儿童布绒玩具的眼睛和鼻子。企业还可以根据客户的要求，利用特殊工艺制作眼睛。

五、其他辅料

在将儿童布绒玩具制作成型后，我们还要对其进行一定的装饰，如打个蝴蝶结、系朵花等，这就需要用到其他辅料。常用的其他辅料有缎带、蕾丝花边、纽扣等。其中，缎带因具有方便、快速成型的特点，成为最佳选择。

1．缎带

缎带（见图 6-38）的种类繁多、规格齐全，常见的有化纤色织缎带、雪纺网纱带、印花类缎带等。缎带的点缀可以使儿童布绒玩具的形象更具灵性与活力。不同风格的儿

童布绒玩具可选用不同的缎带，如偏民族风格的儿童布绒玩具可选用具有民族风格的缎带；为不同节日设计的儿童布绒玩具应该根据节日气氛选用合适的缎带。

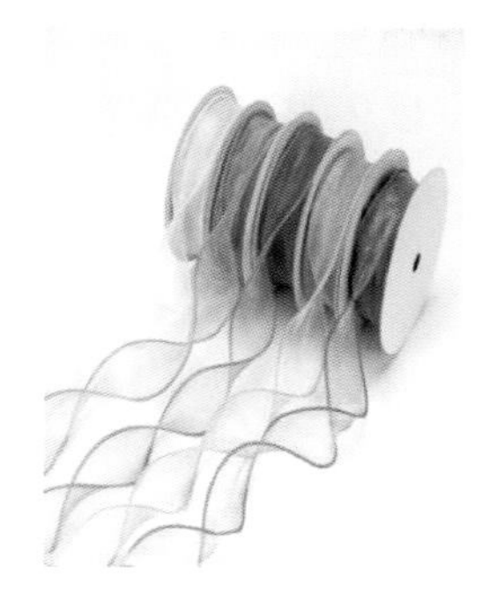

图 6-38　缎带

2．蕾丝花边

由于材料与风格不同，因此蕾丝花边的种类繁多。蕾丝花边的风格大致可分为民族（见图 6-39）、优雅（见图 6-40）及田园（见图 6-41）3 种。儿童布绒玩具设计师在设计与制作儿童布绒玩具时，可以准备不同宽窄、图案及色彩的蕾丝花边，以便进行试用、比较，使儿童布绒玩具呈现出最好的视觉效果。

图 6-39　民族风格的蕾丝花边

图 6-40　优雅风格的蕾丝花边

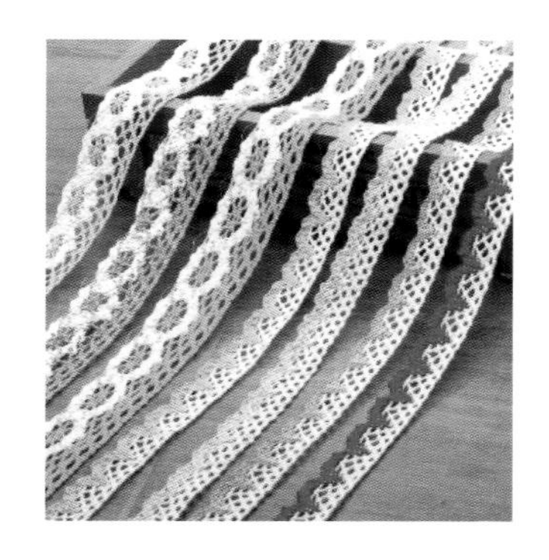

图 6-41　田园风格的蕾丝花边

3．纽扣

大小不同的各色扣子可被用于儿童布绒玩具的服饰制作中。

除了上述辅料，制作儿童布绒玩具还常常用到魔术贴（也叫子母贴）、橡筋、窗帘环（制作挂环）等辅料。用于制作儿童布绒玩具的辅料的种类很多，要想在装饰上有所创新，就可以准备一些不同种类的辅料，如蝴蝶结、彩球等。

另外，还有一些辅料可以提高儿童布绒玩具的游戏性，如 BB 叫（见图 6-42）、响纸（见图 6-43）、小铃铛（见图 6-44）等能发出声音的辅料，以及关节配件（见图 6-45）等。其中，能发出声音的辅料可以被植入儿童布绒玩具内、儿童玩耍时容易触摸的部位（如儿童布绒玩具的手、脚及尾巴等部位），或者被挂在儿童布绒玩具的脖子上，这样一来，儿童就可以通过捏、按、摇等方式让儿童布绒玩具发出声音。关节配件可以被安装在儿童布绒玩具身体的大关节部位，如脖子、躯干与手臂的连接处、躯干与腿的连接处等部位，这样可以让儿童摆动儿童布绒玩具。另外，具有不同功能的机芯（如能播放音乐的机芯等）也可以被安置在儿童布绒玩具体内。植入可提高儿童布绒玩具的游戏性的辅料，不仅可以增加儿童与儿童布绒玩具之间的互动、提高儿童布绒玩具的趣味性，还可以促进儿童感知觉的发展。

图 6-42　BB 叫

图 6-43　响纸

图 6-44　小铃铛

图 6-45　关节配件

六、常用的工具

制作儿童布绒玩具的方法有机器缝制与手工缝制两种。如今，无论是工厂还是学校，基本上都采用机器缝制的方法，因为其效率更高。机器缝制主要利用电动缝纫机。目前，传统的脚踏缝纫机已逐步被电动缝纫机替代。电动缝纫机的工作速度可根据制作者的技术熟练程度来调节，以满足初学者和熟练者的不同需求。一般来说，机器缝制需要配合一些手工工具来完成一个儿童布绒玩具的制作。

设计与制作儿童布绒玩具一般需要用到以下工具。

（1）设计流程中常用的工具：美工刀、各种画笔、橡皮等。

（2）制作流程中常用的工具：电动缝纫机、镊子、剪刀、锥子等。

在图 6-46 中，右下方及下方的工具主要是设计工具，左下方及上方的工具主要是裁剪与缝合工具。合理使用这些工具，可以使制作出的儿童布绒玩具很好地呈现形象设计原型的造型与神态。

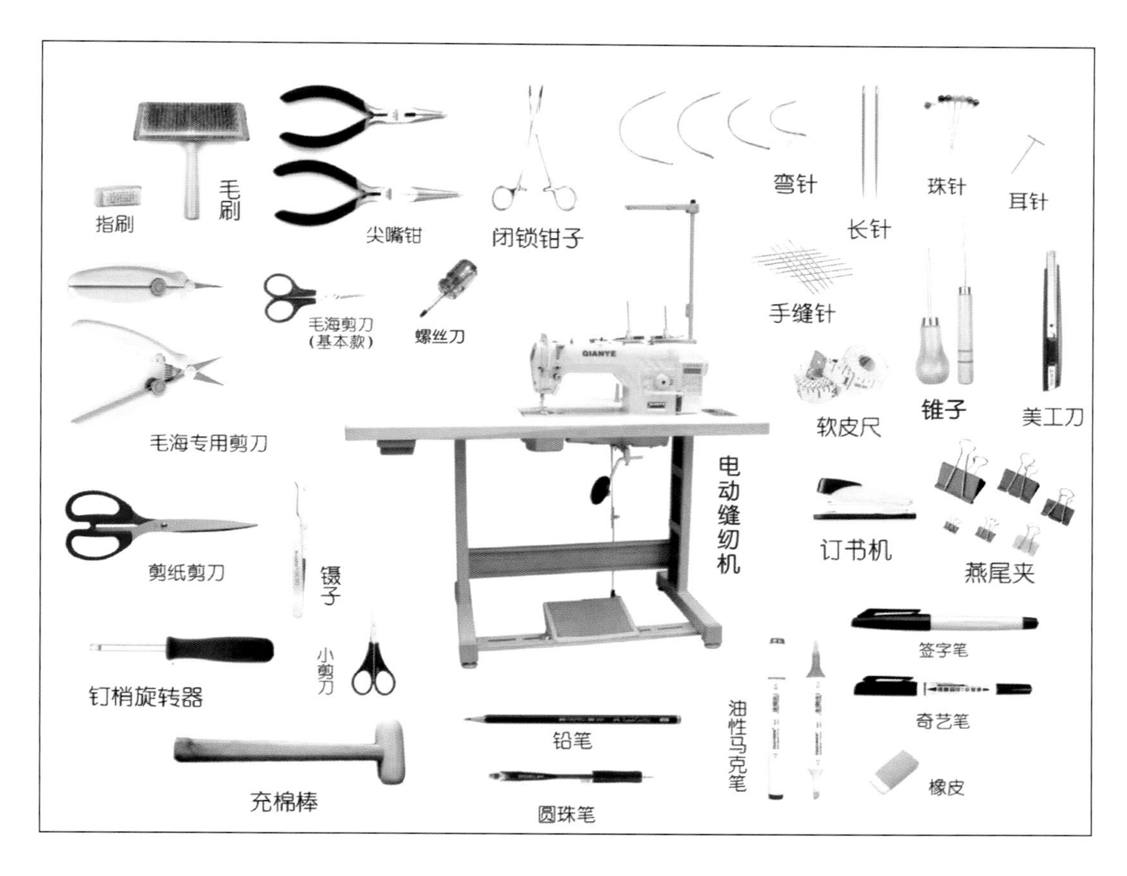

图 6-46　常用的工具

第三节　裁剪面料

在完成计算机开版后，将纸样打印出来，再用剪刀剪出纸样的形状，就可以用它来裁剪面料了。剪出来的纸样还不能作为最终的版型确定下来，因为利用该纸样制作出的儿童布绒玩具有可能和设计方案存在差异，可能需要再次开版、打印纸样，直到利用纸样做出来的儿童布绒玩具实现了设计方案为止。那么，最后的纸样就是比较标准的版型。如果想使纸样更加好用，那么可以对纸样进行加工。为什么呢？因为纸样虽然是儿童布绒玩具的版型，但是用复印纸打出来的纸样比较软，直接用它在面料上画裁片的形状，容易造成误差。而且，纸样比较脆弱，不适合反复使用。解决的方法是这样的：先在每片纸样下面都贴一张较厚的卡纸，然后剪出每片纸样的形状。至此，儿童布绒玩具的开版已基本完成。

裁剪面料时的注意事项如下。

（1）分清面料的经线和纬线，并根据经线和纬线的方向在面料上合理地摆放纸样。

面料的经线和纬线也分别叫直纱和横纱。经线是面料的宽度，纬线是面料的长度。每种面料都是由经线和纬线编织而成的，它们成 90° 交叉。除了弹力较大的针织类面料，在沿着经线和纬线方向拉扯面料时，面料的弹性比较小，而在斜向拉扯面料时，面料的弹性较大。因此，在裁剪面料时，应尽量将版型顺着经线或者纬线方向进行摆放，这样可以保证儿童布绒玩具成品的高度与设计方案一致。在裁剪左右对称的裁片时，裁片的纱线方向应尽量对称，只有裁片的纱线方向对称，裁片的伸缩度才能一致，这样才能保证做出来的成品该对称的地方能保持对称。左右对称的裁片有时是一块布，如儿童布绒玩具头部的前中脸；有时是两块布，如儿童布绒玩具的左、右脸，左、右脑，左、右手臂，左、右腿等。该对称的地方没有对称，对儿童布绒玩具美观性的影响是很大的。纸样上的毛向与面料上的经线、纬线方向示意如图 6-47 所示。

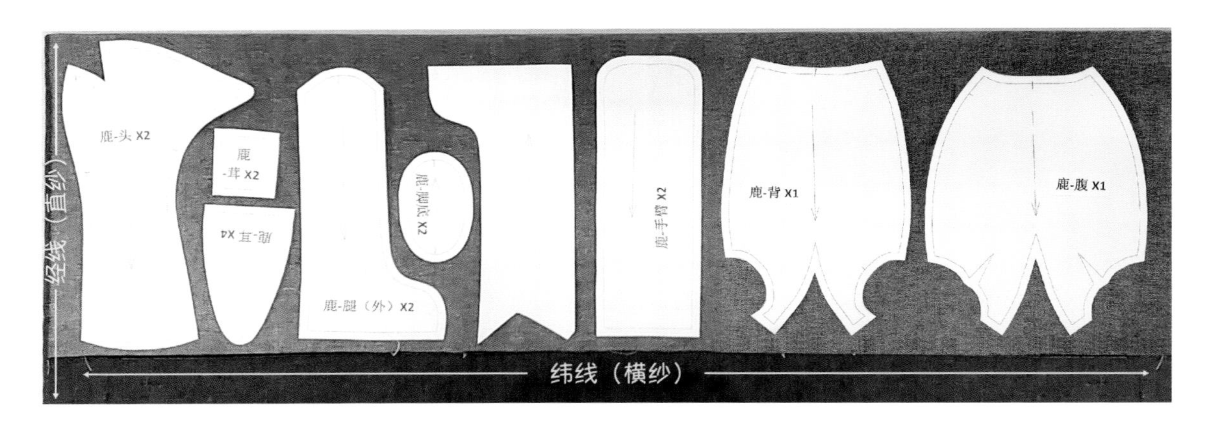

图 6-47　纸样上的毛向与面料上的经线、纬线方向示意

（2）纸样上的毛向与面料上的倒毛方向要一致。

在用有一定毛高的毛绒面料制作儿童布绒玩具时，在裁剪面料环节一定要注意使纸样上的毛向与面料上的倒毛方向一致。所谓倒毛方向，是指毛绒末端的朝向，如图 6-48 所示的面料是拖把绒，毛高为 10mm，倒毛方向非常明显。因此，在摆放纸样时，不仅要使毛向与面料的经线方向一致，还要使毛向与面料上的倒毛方向一致。另外，在面料上画裁剪形状时，为了不让面料的正面有画痕而影响美观性，一般在面料的反面摆纸样并画形状。图 6-48 是为了展示纸样上的毛向与面料上的倒毛方向一致，才将纸样放在面料的正面的。

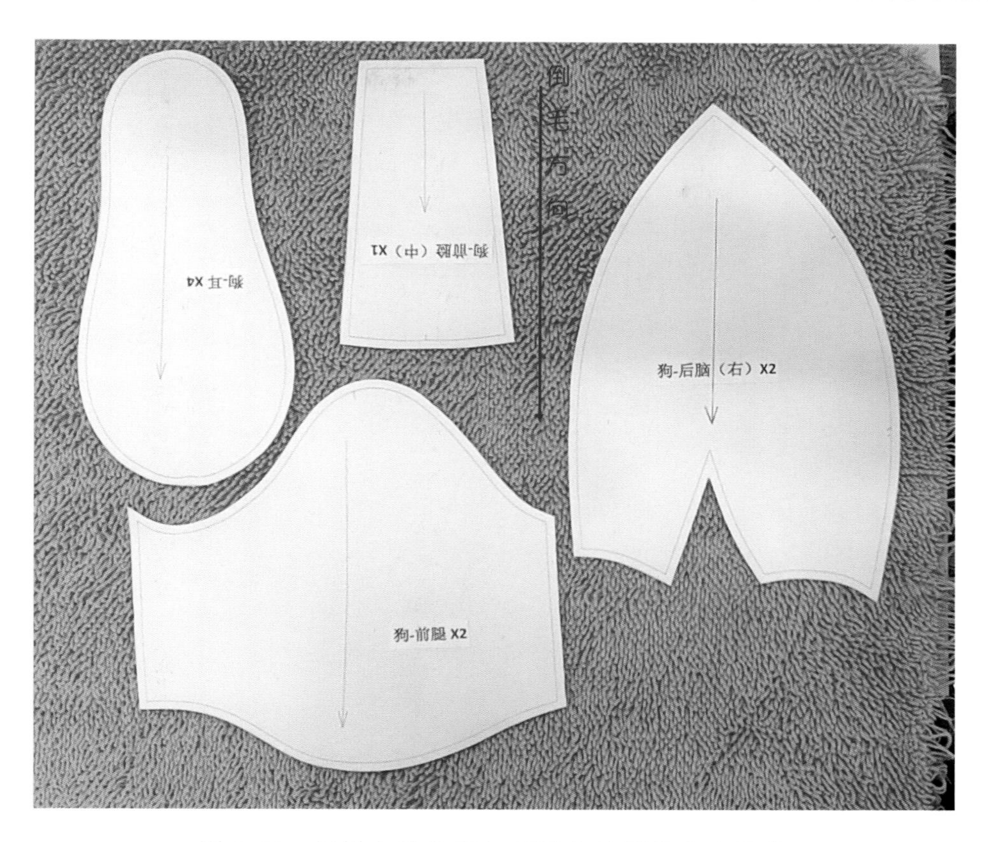

图 6-48　纸样上的毛向与面料上的倒毛方向示意

（3）对于纸样上的点位，在面料对应的位置一定要标记清楚。

纸样上的点位是缝合零部件时应该对接的位置，如果不在面料上做好标记，纸样上的点位就没有意义了。更为重要的是，不在面料上标记点位会影响缝合过程的顺利进行。例如，在缝合头部的前脸和后脑时，需要夹住耳朵，但耳朵的位置在哪里呢？如果标记了点位，就可以直接按点位进行缝合了。尽管可以临时去找纸样来补画点位，但是比较麻烦。而且几乎所有面料上都有点位，如果在缝合时都需要补画点位，就会严重影响工作效率。

第四节　缝合成型

儿童布绒玩具主要是用电动缝纫机进行缝合的。儿童布绒玩具是由若干不同形状的裁片缝合而成的，所以制作者在缝合时不能不顾先后顺序，随意拼接，否则不仅会费时费力，还会直接影响儿童布绒玩具成型后的视觉效果。因此，在缝合儿童布绒玩具时，遵循一定的规律可以事半功倍。

一、缝合的顺序

1．先局部，后整体

先把局部的零部件缝合好，再进行整体的缝合。例如，一般的动物都有耳朵、尾巴、手臂、腿和脚（有的还有角、翅膀等），在缝合躯干之前，应该先把这些零部件都缝合好；有的还要装入适当的填充料，如有些动物的耳朵有一定的厚度，所以在将耳朵缝合好后，还需要装入适当的填充料。

在缝合好局部零部件后，接着缝合所有的杆。杆也叫省道，是做出物体形象凹凸效果必不可少的一种结构。

在完成前两道工序后，接下来就开始进行身体各部位的缝合，如头部的缝合、躯干的缝合、头部与躯干的缝合等。注意，要在预设的部位夹入相应的零部件，如在缝合头部时夹入耳朵、角等零部件，在缝合躯干时夹入手臂、尾巴等零部件。

先局部，后整体的缝合顺序的好处有两个：①可以避免遗漏小块的零部件；②先将零部件缝合好，在缝合躯干时就可以直接用，从而提升效率。

2．先小后大

先从最小的零部件做起，再依次缝合大一点的零部件。因为小的零部件很容易被夹藏在大的裁片中，容易丢失。先小后大可以避免因翻翻捡捡或重新裁剪而浪费时间。

3．先装饰，后结构

有些裁片上有口袋、图案等装饰品，制作者在缝合前，需先把裁片上的装饰品缝合好。如果先缝合好身体部分再缝合口袋、图案等，操作起来就会比较麻烦，因为有其他裁片的干扰。因此，制作者在操作时要遵循一定的顺序，否则，不仅效率不高，还不能保证工艺效果。

二、缝合的注意事项

1．操作缝纫机的初学者需进行必要的培训

为了保证人身安全，操作缝纫机的初学者需进行如下必要的培训。

（1）正确安装梭皮、梭芯，按照正确的路径穿面线。在安装梭芯时，底线的方向应为逆时针。

（2）正确踩踏板，了解行针、驻针和倒针的操作方法。

（3）练习压脚的抬升。

（4）练习倒底线的方法。

（5）练习缝合。

2. 缝合前要做必要的检查

为了保证缝合流程顺利进行，制作者在缝合前有必要做一系列的检查。检查内容包括：检查穿面线的路径是否正确，检查底线的梭芯转动方向是否正确，检查梭皮是否上好，检查跑针的速度是否适合自己等。初学者一定不要将跑针速度设置得过快。

在做完这些检查后，制作者必须拿一块没用的零头布来缝一下，看看线迹是否正常。当线迹不正常时，制作者需要在教师的指导下进行调试。在线迹正常后，儿童布绒玩具的缝合工作才可以正式开始。

3. 缝合中的注意事项

（1）遵循裁片缝合的先后顺序。

（2）起针和收针要回缝。

（3）缝合边的宽度正确，缝合边的宽窄一致。

（4）时刻对点位。

（5）在缝合有弧度的裁片时，要注意推、拉上下裁片。

（6）对于比较难缝的部位，可先用手工缝一遍，再用电动缝纫机缝合。

第五节　填充塑形

在儿童布绒玩具的裁片全部缝合好后还需要进行填充，以便使儿童布绒玩具的形状饱满。填充不只是简单地往里面塞填充料，还需要边塞边观察儿童布绒玩具的外形，避免填充料不均匀造成有的地方过凸、有的地方又不够饱满，或者说该对称的地方不对称等情形。如果说设计是对儿童布绒玩具的第一次塑形，那么填充环节是对儿童布绒玩具的第二次塑形，因为面料有一定的弹性，如果填充不当，就会严重影响儿童布绒玩具的外形。

一、翻面

由于儿童布绒玩具的缝合操作都是在反面进行的，因此在填充时需要将其翻过来。在对儿童布绒玩具进行翻面时，需准备一根一头较粗、一头较细的木条，或类似的工具。对于细小的部位，一定要翻到位。在翻面时，先用较细的一头小心地把细小的部位翻出来。为了避免木条刺破面料，可稍稍修磨一下较细的一头，使其不至于太尖。对于其他地方，可使用较粗的一头进行翻面。

在翻细长的部位时，要注意使用正确的方法。以翻一条细腿为例，先用木条粗的一头顶住脚部，再从脚部开始，把腿部顺着木条向下拉，直到脚尖从开口露出，拽住脚部，把整个腿部翻到正面，如图 6-49 所示。对于类似手臂、尾巴这样的细长部位，都可用此翻面方法进行翻面。

在线条内弯处的缝份上要剪出牙口（见图 6-50），剪的时候要小心，不要剪到缝线，最好离缝线 2mm 远。在翻面后，最好先熨烫一下再填充，这样从视觉上看会更平整。

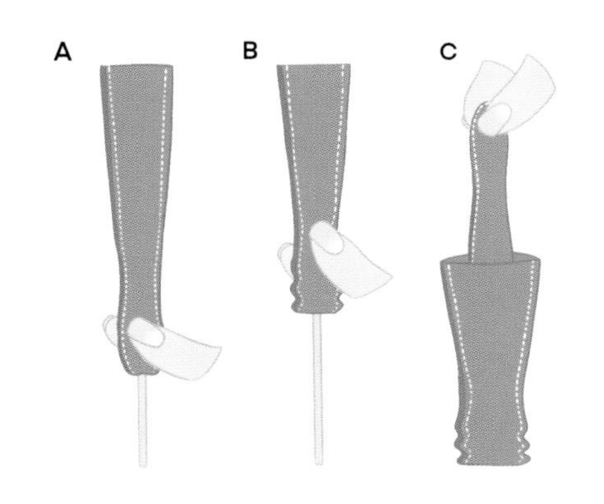

图 6-49　细腿的翻面方法

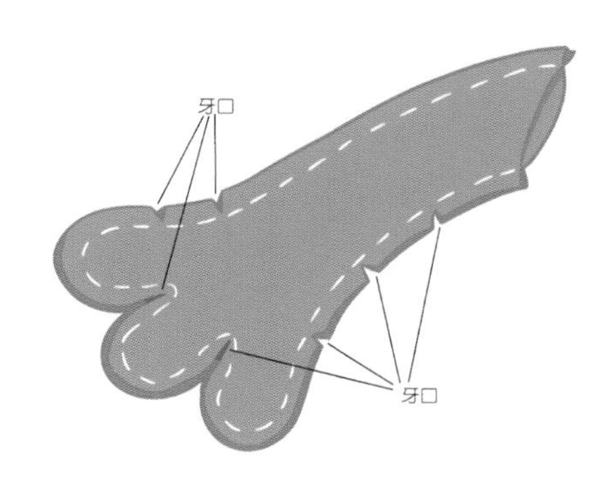

图 6-50　线条内弯处的牙口示意

二、填充

在填充时，最好使用手指。先填充远端的部位，如脚尖、手尖等处，再逐步填充手臂、腿，直至身体中央。对于手指够不到的地方，可借助木条，木条不宜太细，因为太细会穿透填充料或刺破面料。

要将填充料松松地塞入，不要还没填到位就压成死团。在塞填充料时，要小心地填到位，不够时再填，直到达到均匀、饱满且形状美观的程度。

在完成填充后，要手工缝合返口。在缝合返口时，一般用藏针缝针法，并且线的颜色要与儿童布绒玩具的面料的颜色一致，这样缝合的返口处不露痕迹，非常自然。

第六节　外形装饰

外形装饰主要包括五官与衣服的装饰。一般来说，在进行头部缝合时就已经安装了带螺旋脚的五官，因为后期没法操作。此时的外形装饰主要是嘴巴与衣服的装饰。如果之

前没有安装眼睛和鼻子，那么现在可以用手工针法完成五官的装饰。在制作衣服时，必须根据儿童布绒玩具的身体尺寸进行剪裁与缝合。

一、外形装饰中常用的手工针法

手工针法是必须掌握的缝纫知识，因为在儿童布绒玩具及其衣服的制作流程中，除了进行机器缝制，进行手工缝制也是完成整体造型所不可缺的一道工序，并且在不同情况下所采用的针法也有讲究。例如，图 6-51 和图 6-52 所示的手工针法作品在不同的部位使用了不同的针法，既很好地完成了缝合，又能对作品的外形起到很好的装饰作用。

图 6-51　手工针法作品——白雪公主

（制作者：浙江师范大学儿童发展与教育学院动画专业 2020 级樊倩倩）

图 6-52　手工针法作品——海绵宝宝

（制作者：浙江师范大学儿童发展与教育学院动画专业 2020 级王雅萍）

外形装饰中常用的手工针法有如下几种。

1. 平针缝[①]

平针缝是最常用、最简单的一种手工针法，通常用来做一些不需要很牢固的缝合，应用在裁片的缝合、衣服的收边和五官的表现上，以及做褶裥、缩口等。另外，在使用电动缝纫机进行缝合的过程中，对特殊部位用平针缝可以起到很好的辅助作用。例如，在对曲线部位用电动缝纫机缝合时，上下裁片很容易错位，不易缝合，这时，制作者可以先用平针缝固定两个裁片，再用电动缝纫机缝合。在进行平针缝时，制作者可以先一次多挑几针，再一起把线拉紧，针脚距离一般保持在 0.5cm 左右，如图 6-53 所示。

① 可在本章末尾处扫码观看视频。

2．回针缝[①]

回针缝是针尖后退式的缝法，是类似于机器缝制而且最牢固的一种手工针法。在起始部位为了防止面料开线，或者希望缝得结实时，可以使用这种针法。另外，这种针法还可以应用在裁片的缝合和五官的表现上。回针缝分为两种：图 6-54 左图所示的针法是返回到前一个针距一半处的半回缝，图 6-54 右图所示的针法是返回到后一个针眼处的全回缝。

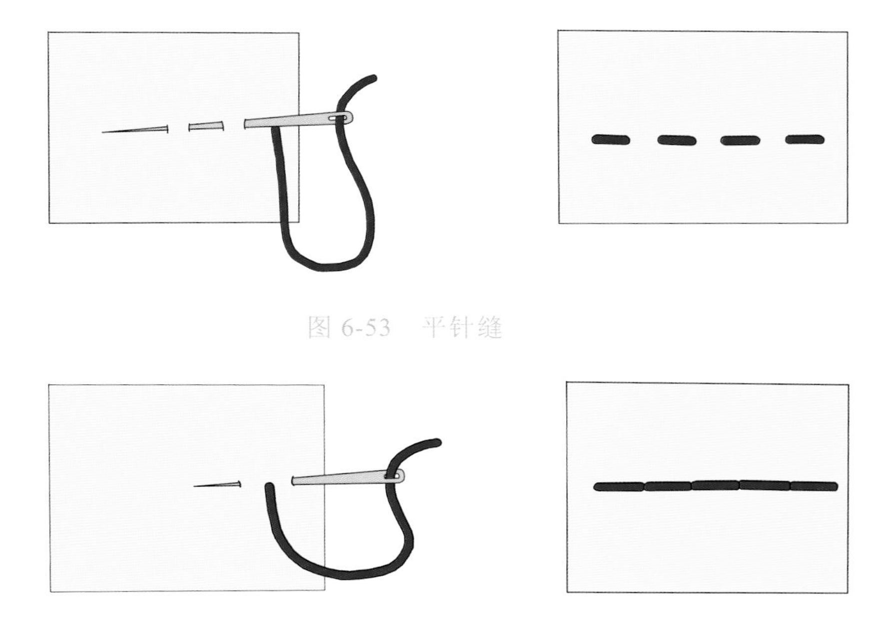

图 6-53　平针缝

图 6-54　回针缝

3．藏针缝[①]

藏针缝（见图 6-55）在布艺制作中相对用得比较多。这种针法能够将线迹完美地隐藏起来，常用于不易在反面缝合的区域，如常用于儿童布绒玩具返口的缝合，以及肢体的组合接缝上。

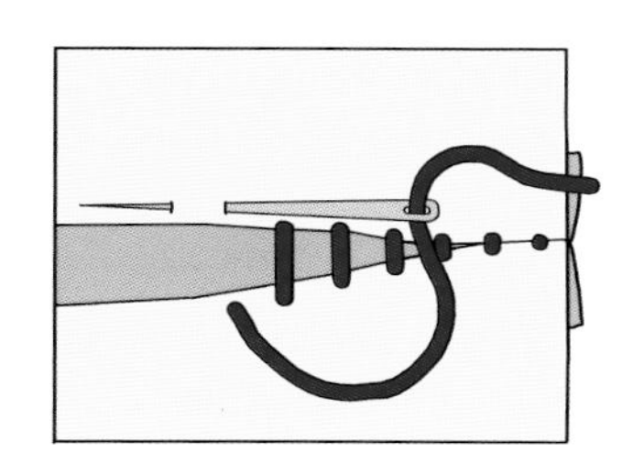

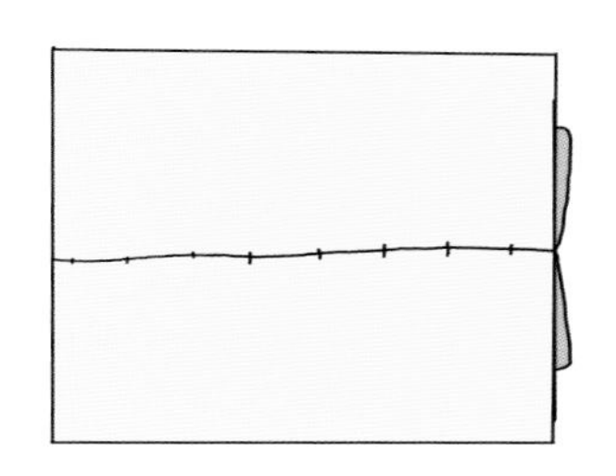

图 6-55　藏针缝

① 可在本章末尾处扫码观看视频。

4．锁链缝[1]

环环相扣的锁链缝（见图 6-56）可以表现出较粗的线条。这种针法很适合缝出儿童布绒玩具的嘴巴或眉毛等线条，也可用于眼睛的缝合。

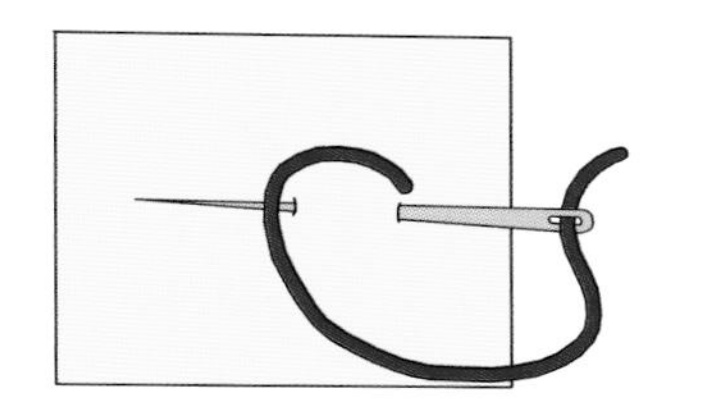

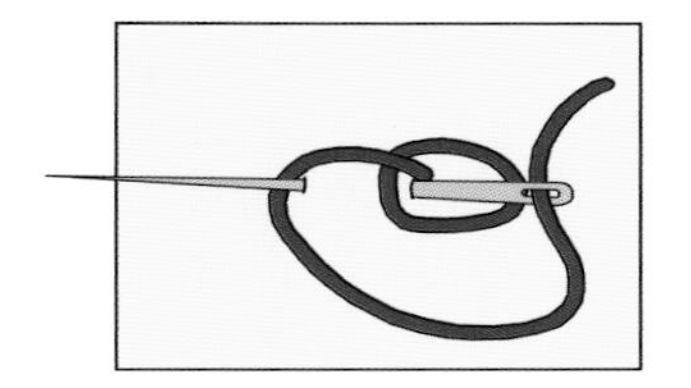

图 6-56　锁链缝

5．锁边缝[1]

锁边缝（见图 6-57）也叫包边缝、锁针缝、毛边缝、贴布缝，常用于锁扣眼。这种针法具有防止裁片虚线散开的功能，因此通常用于修饰面料的毛边（防止松散）、贴布（装饰裁片边缘）等。

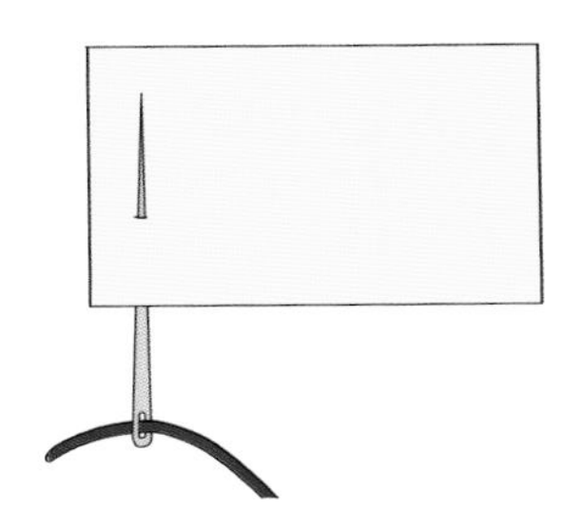

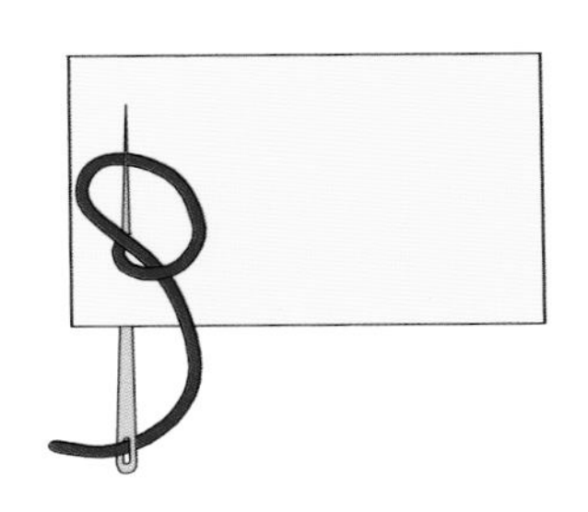

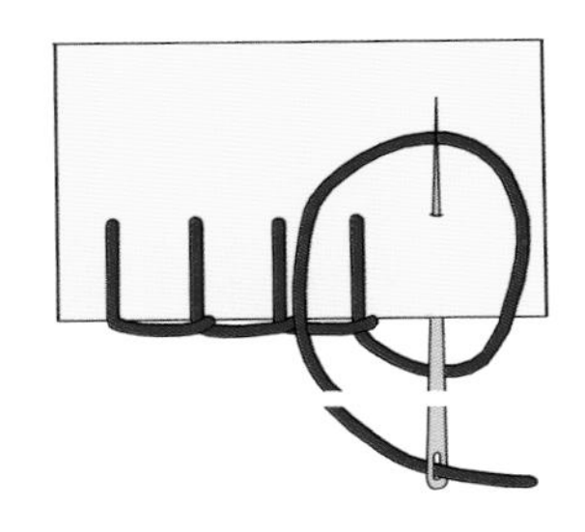

图 6-57　锁边缝

6．豆针缝[1]

豆针缝（见图 6-58）一般用于线收尾时打结。在制作儿童布绒玩具时，这种针法可以用来表现动物的胡子茬儿或者胡须。

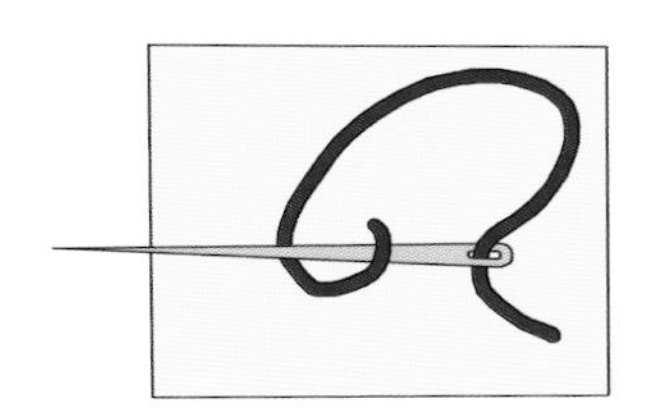

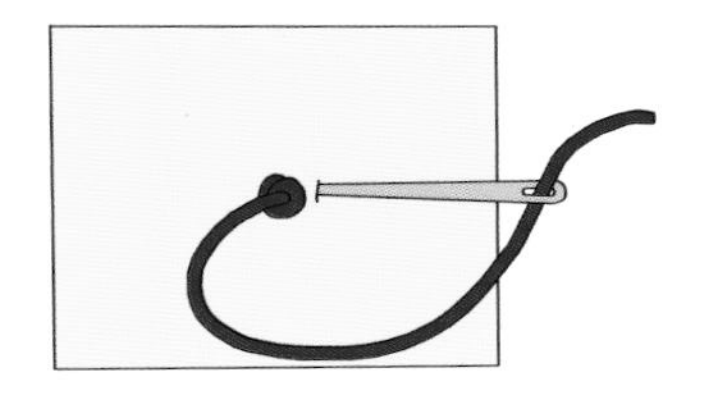

图 6-58　豆针缝

① 可在本章末尾处扫码观看视频。

7．缎面缝[①]

缎面缝（见图 6-59）的特色是以连续的缝线形成一块面积。注意：缝线不要太紧或太松，应保持布面的平顺。这种针法一般用于缝动物的眼睛、鼻子等，在缝好后还可以涂上一层指光油或甲油，起保护作用。

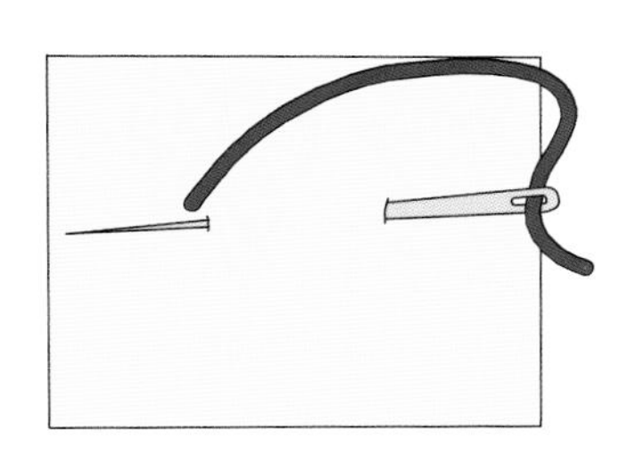
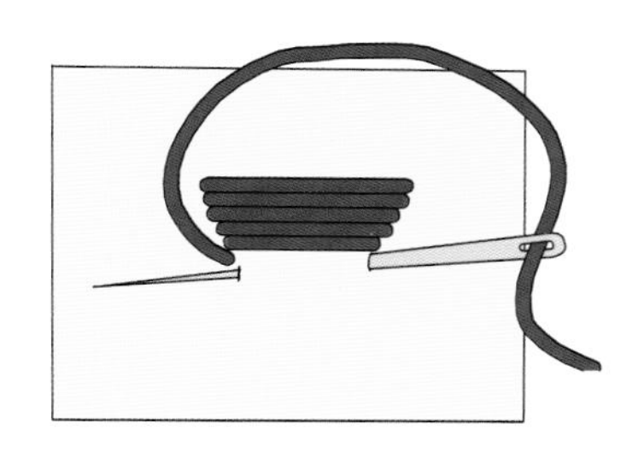

图 6-59　缎面缝

二、外形装饰的内容

1．面部装饰

如果要使儿童布绒玩具的面部变得更加立体，特别是有些儿童布绒玩具的眼睛部位有眼窝内凹的特点，那么可以采取一些特殊的手工针法来实现这种效果。具体方法：先在眼部的里面垫一块腈纶棉，增加局部的厚度与强度，再用 6 股线穿入眼睛后面，根据造型需要，从头顶、下巴底部或后脑下部穿出来，向后上方或后下方拉紧，固定于头顶、下巴底部或后脑下部。

在制作一些小众的儿童布绒玩具时，如果在儿童布绒玩具头部的缝合过程中没有安装带螺旋脚的五官，那么在填充好后需要利用手工针法制作眼睛、鼻子及嘴巴，其中用贴布法制作的眼睛非常富有表现力。

另外，根据设计方案，在安装完成五官后，还要在面部用腮红刷扫出红润的脸颊。

2．衣服制作

儿童布绒玩具的衣服分为能穿、脱的衣服与不能穿、脱的衣服两种，不能穿、脱的衣服在儿童布绒玩具的身体缝合过程中已经完成了，这个环节主要为儿童布绒玩具制作能穿、脱的衣服。

首先，根据衣服的造型，用软尺测量出儿童布绒玩具身体的不同部位的尺寸。其次，进行裁剪与缝合。在缝合时，要考虑好衣服穿、脱的方法，预留好关键部位的尺寸。如

① 可在本章末尾处扫码观看视频。

果是制作套头上衣，那么要注意领口处的围度，需要考虑衣服能否穿到儿童布绒玩具的身体上，是从头部往下穿，还是从脚部往上穿。如果是制作裙子或裤子，那么要注意腰部的围度，预留好合适的尺寸。

三、整理

在完成儿童布绒玩具所有的制作工序后，还需要做最后的整理，这样才能称得上全部完工。最后的整理主要包括两个方面的内容。

1．缝合线的正面梳理

缝合线的正面梳理主要针对有一定毛高的儿童布绒玩具。因为在缝合时，缝合边旁边的毛绒会被“吃”进去，导致缝合线非常明显，影响儿童布绒玩具的美观。梳理的方法是先用锥子沿着缝合线把左、右两侧被“吃”进去的毛绒挑出来，再顺着毛向梳理一遍，这样缝合边就能被很好地隐藏起来了。

2．线头清理

缝合过程中会留下很多线头，这些线头需要被清理干净。线头虽小，但对儿童布绒玩具的颜值和档次有很大的影响，如果没有清理干净，就可能导致因小失大。在清理时，应从不同角度观察，务必做到彻底清理。

拓展阅读

1．林要任，等．学做泰迪熊[M]．郑州：河南科学技术出版社，2009．

2．刘婷婷，陆小平，张丽华，等．第一本教你做基础布艺的书[M]．海口：南海出版公司，2009．

思考与练习

请进行图易三维造型软件练习、图易开版软件练习、7 种手工针法练习，要求如下。

（1）造型美观、结构合理。

（2）开版细致、完整。

（3）手工针法美观、运用合理。

1．平针缝

2．回针缝

3．藏针缝

4．锁链缝

5．锁边缝

6．豆针缝

7．缎面缝

第七章　儿童布绒玩具制作实例

导读：

通过学习本章，学生应了解较受儿童欢迎的，并且具有代表性的 4 种不同造型（坐立型、前立后蹲型、四腿站立型、直立型）的儿童布绒玩具的制作流程与方法。本章分别以兔、狗、象、鹿的卡通形象为儿童布绒玩具的形象，详细展示各自的制作流程与方法。通过学习这 4 种造型的儿童布绒玩具的制作流程与方法，学生应可以举一反三，设计与制作出更多造型的儿童布绒玩具。

儿童布绒玩具的造型非常丰富，限于篇幅，本章不可能将每一种造型都进行实例展示。但是，儿童布绒玩具的造型不外乎站、坐、蹲等几个核心形态，其他形态都是在此基础上的延伸，如在四腿站立形态的基础上变化前后腿的角度，可以延伸出各种站立的形态，因此本章主要围绕几种经典造型的儿童布绒玩具进行讲解。学生在掌握了这几种经典造型的儿童布绒玩具的制作流程与方法后，将来在制作其他造型的儿童布绒玩具时可以举一反三。本节的 4 个实例主要展示制作流程与方法，包括造型与开版、材料准备、裁剪面料、缝合成型 4 个环节。由于前面已对设计与算料环节做过比较详细的阐述，因此本章不再重复介绍这两个环节的内容。

第一节 坐立型儿童布绒玩具制作实例——兔

坐立型儿童布绒玩具比较常见，初学者可以通过学习制作这种造型的儿童布绒玩具来入门。坐立型儿童布绒玩具的造型一般呈对称型（见图 7-1），其计算机造型与开版、裁剪面料、缝合成型环节的制作难度都不大。在制作坐立型儿童布绒玩具时，制作者一定要注意造型的对称性，因为略有歪斜就会影响儿童布绒玩具的美观性。

图 7-1 坐立型儿童布绒玩具——兔的成品图

一、兔的计算机造型与开版

1. 兔的计算机造型[①]

根据先易后难、循序渐进的教学规律，初学者适宜先学习制作比较简单的儿童布绒玩具。兔的造型比较简单，结构也比较简单，非常适合初学者制作。在计算机造型阶段，制作者应主要控制好形的对称关系。如果模型对称，那么后期的开版、裁剪面料、缝合成型等环节就比较顺畅。兔的成品形态是坐立型的，但是为了使造型环节更容易操作，所以此处采取兔的站立形态进行建模。兔的计算机造型三视图如图 7-2 所示。

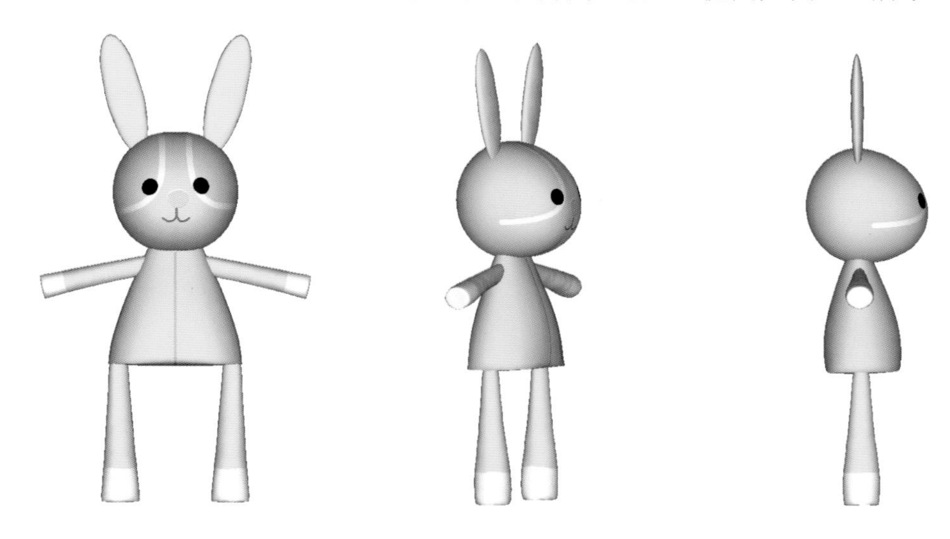

图 7-2　兔的计算机造型三视图

（注：从左到右依次为正视图、3/4 侧视图、侧视图）

2. 兔的计算机开版[①]

在对兔进行计算机开版时，主要注意两个地方。第一，注意耳朵和头部的连接部位。由于在缝合耳朵时是把前脸和后脑夹起来进行缝合的，因此前脸和后脑的纸样外轮廓是完整的，如图 7-3 所示，前脸没有一个与耳朵进行缝合的小缺口，只需在夹耳朵处做好记号即可，后脑也是如此。第二，注意手臂和躯干的缝合处。由于在缝合手臂时是把前胸和后背夹起来进行缝合的，因此前胸和后背的纸样外轮廓是完整的，没有一个与手臂进行缝合的小缺口，只需在夹手臂处做好记号即可。

① 可在本章末尾处扫码观看视频。

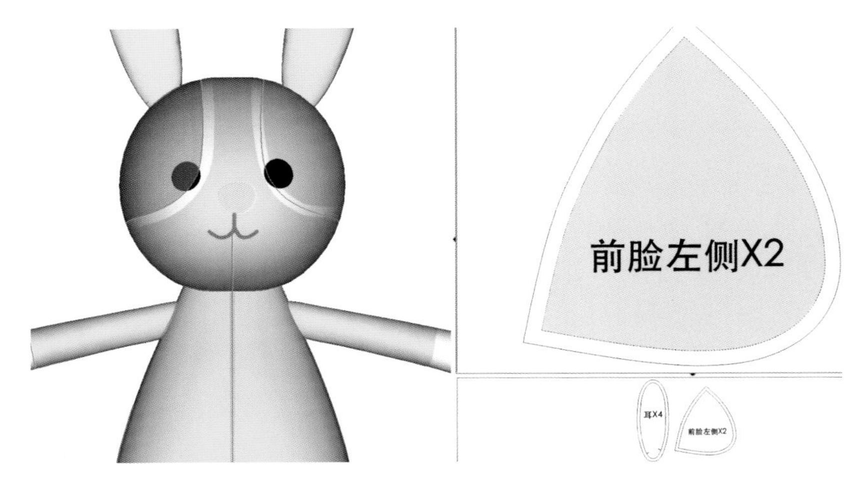

图 7-3　兔的计算机开版截图

兔的纸样一共有 12 片，如图 7-4 所示。

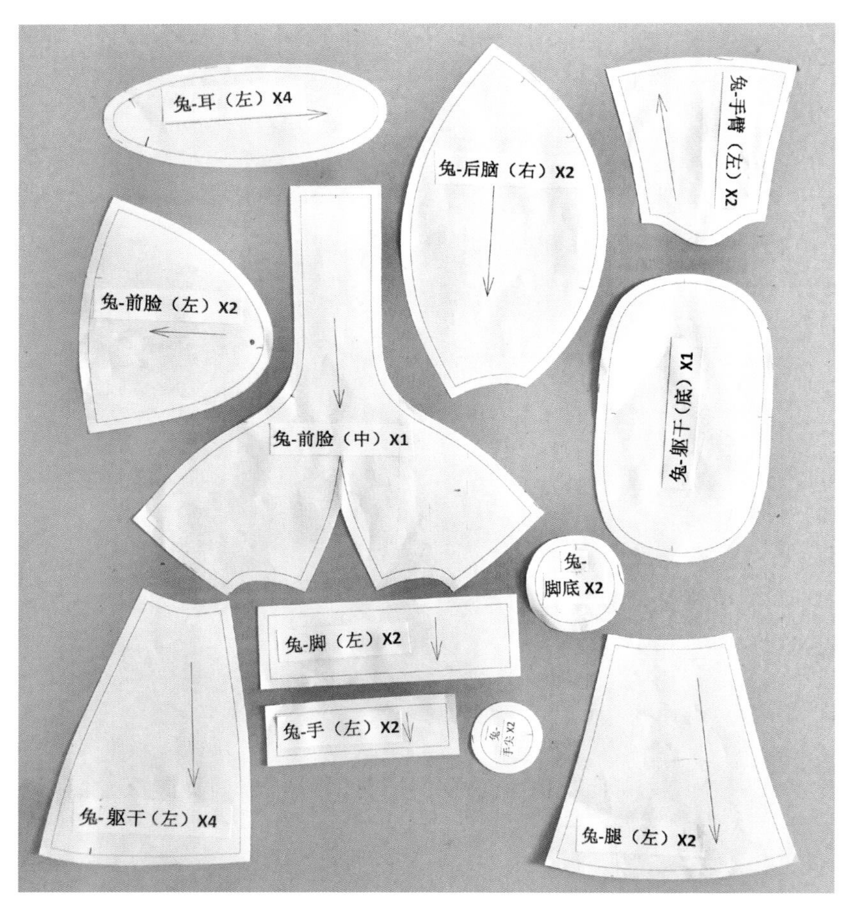

图 7-4　兔的纸样

二、材料准备

兔的高度为 40cm，根据此高度，制作者需购买如下材料。

（1）6 种不同花色、毛高的面料各 0.5m。

（2）填充料（如 PP 棉、珍珠棉等）1.5kg。

（3）玻璃眼睛一对，鼻子一个。

三、裁剪面料

如果左、右两侧身体使用不同的面料，那么为了避免制作出来的儿童布绒玩具变形，最好选厚度与弹性相似的面料。在使用毛绒时，一定要注意毛向。图 7-5 的上图所示的面料是拖把绒，毛高为 1cm，纸样摆放的方向与毛绒的倒向一致；图 7-5 的下图所示的面料是短毛绒，虽然毛高不长，但也要注意毛向。

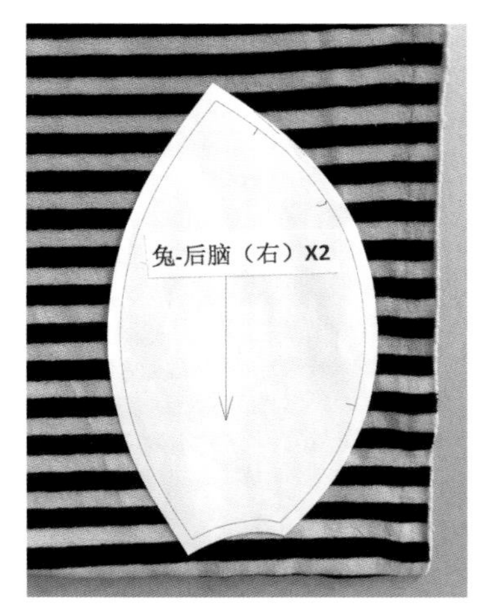

图 7-5　面料毛向示意

四、缝合成型①

1．注意事项

（1）兔的不同身体部位的面料图案不同，制作者在缝合时要注意面料的搭配。

（2）兔的身体是左右对称的，制作者在缝合时要对好点位，以便使兔的左右对称、外形中正。

2．缝合步骤

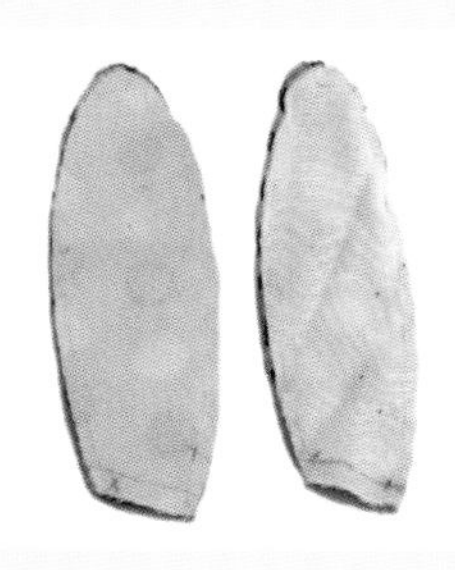

（1）准备好两只耳朵的裁片。注意：要做好两只耳朵的面料的搭配工作。

（2）缝合成型的两只耳朵。

（3）准备好前脸的左、中、右 3 块裁片。

（4）缝合前脸（中）的杆。

（5）缝合前脸的左、中、右 3 块裁片。注意：要先固定好对应的点位，再缝合。

（6）缝合完成的前脸。

（7）准备好后脑的左、右两块裁片。两块裁片的左、右弧度相似，因此要注意缝合正确的缝合边。

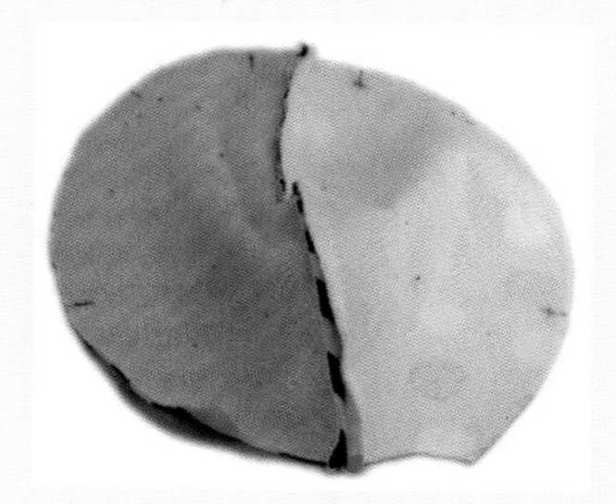

（8）缝合后脑。注意：缝合边从头到尾的宽度要一致，否则容易影响头部的外形。

① 可在本章末尾处扫码观看视频。

（9）缝合头部的前、后两块裁片，先固定好两只耳朵。

（10）缝合完成的头部——前面。

（11）缝合完成的头部——后面。

（12）安装带螺旋脚的眼睛、鼻子。在安装眼睛时，先用珠针或纽扣找准位置，再用锥子扎孔。为了使眼睛、鼻子不易脱落，孔不宜过大。

（13）制作完成的头部。

（14）准备好两条手臂的裁片。注意：要做好不同图案面料的搭配工作。

（15）依次缝合两条手臂与手、手与手端。

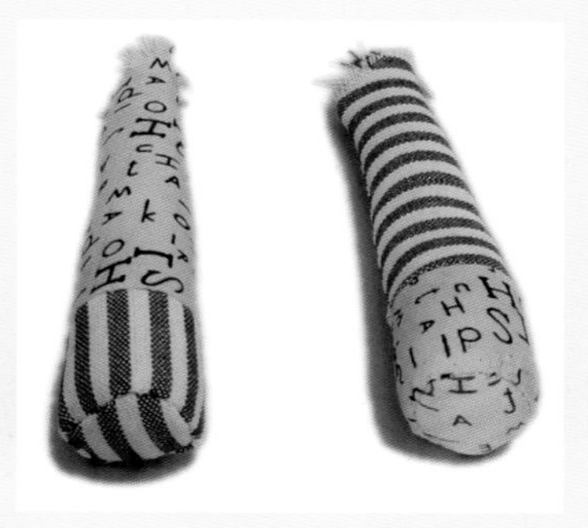

（16）先将手臂翻过来，再进行填充。注意：上面不要填满，要留出一点空间。

（17）准备好两条腿的裁片。注意：要做好不同图案面料的搭配工作。

（18）依次缝合两条腿与脚、脚与脚底。

（19）先将腿翻过来，再进行填充。注意：上面不要填满，要留出一点空间。

（20）准备好躯干的 4 块裁片。注意：缝合边与面料要配对。

（21）先缝合躯干前、后的两块裁片，再进行前后缝合。注意：两侧要夹上手臂。

（22）在后面缝合时留下长度约为 8cm 的返口。

（23）将躯干与底部缝合好。注意：要对好点位，避免躯干歪斜。

（24）在缝合时夹上两条腿。注意：左、右腿与躯干的图案有变化。

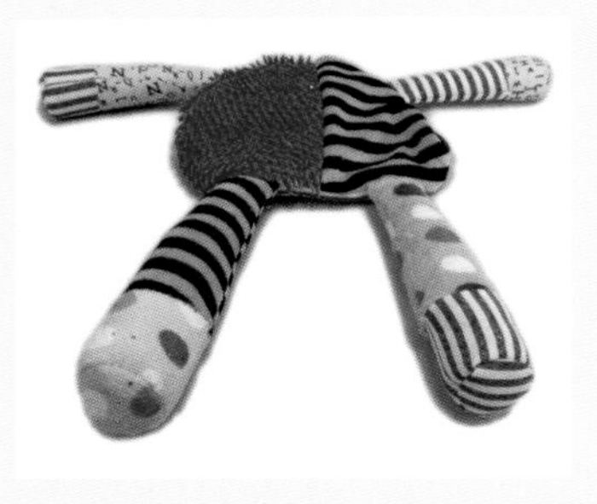

（25）躯干缝合完成。

（26）先将头部与躯干进行缝合，再从返口处翻过来。在缝合时一定要对好点位，避免头部歪斜。

（27）填充。先将头部填充好，再填充躯干。边填充边观察形状是否对称。

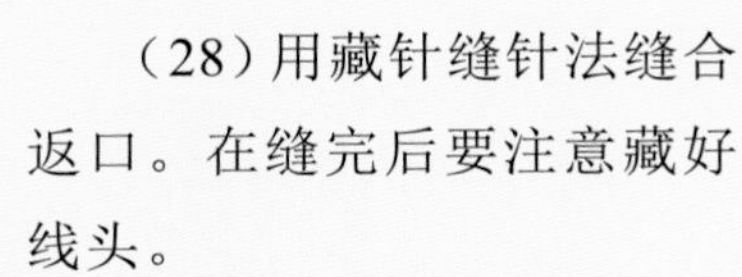

（28）用藏针缝针法缝合返口。在缝完后要注意藏好线头。

（29）塑造面部的立体感。从下巴进针，从左眼的一边出来，注意要在下巴处留一段线头。

（30）从左眼的另一边进针，从下巴处出来，拉紧，这样左眼就会凹下去。

（31）从下巴进针，从右眼的一边出来。

（32）从右眼的另一边进针，从下巴处出来。

（33）将从右眼中拉出来的线与开始留的线头一起打结，拉紧。在打结完成后要注意藏好线头。

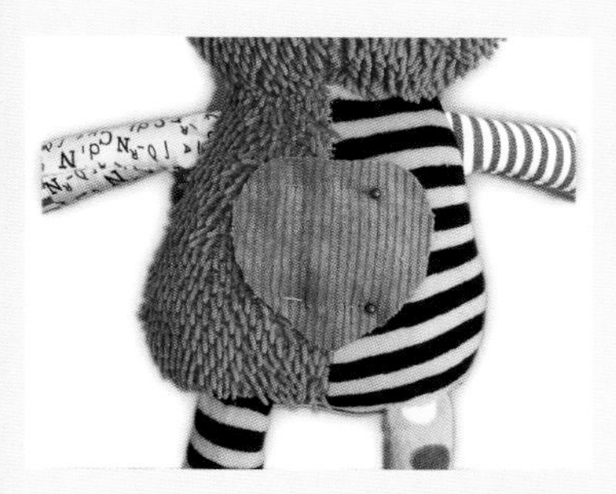

（34）贴布装饰。用珠针固定好，避免在缝合中发生歪斜现象。

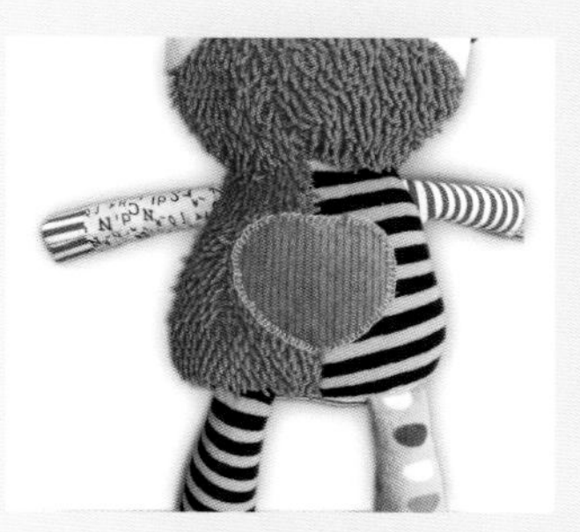

（35）用锁边缝针法缝合贴布。

（36）整理完成。用锥子沿缝合边挑出毛绒、清理线头等。

第二节 前立后蹲型儿童布绒玩具制作实例——狗

前立后蹲是一种常见的儿童布绒玩具的造型，这种造型的儿童布绒玩具最突出的特点在于两条腿的造型，重点和难点也是两条腿的造型、开版与缝合成型。儿童布绒玩具——狗的成品图如图 7-6 所示，其前、后腿的造型完全不同，前腿几乎直立，后腿平直向前，所以制作者一定要把狗的造型特点做出来，这是儿童布绒玩具制作成功的基础和关键。

图 7-6 儿童布绒玩具——狗的成品图

一、狗的计算机造型与开版

1. 狗的计算机造型[①]

在用计算机做造型时，如果有事先绘制的儿童布绒玩具的平面设计图，那么可以先导入平面设计图。这样在建模时，模型的造型、比例等都会有参考的依据。狗的计算机造型截图如图 7-7 所示，狗有正面和侧面两个图形，如果在该图形上建模，就可以准确、快速地塑造模型不同角度的形态。

图 7-7 狗的计算机造型截图

2. 狗的计算机开版[①]

在计算机开版过程中，在纸样自动生成后，制作者可以根据实际需要进行调整。图 7-8 给出了计算机自动生成的脚底纸样，但目测可知，纸样的外形不够圆润、简单，所以制作者可以利用软件中相应的工具进行调整，直至满意为止。

① 可在本章末尾处扫码观看视频。

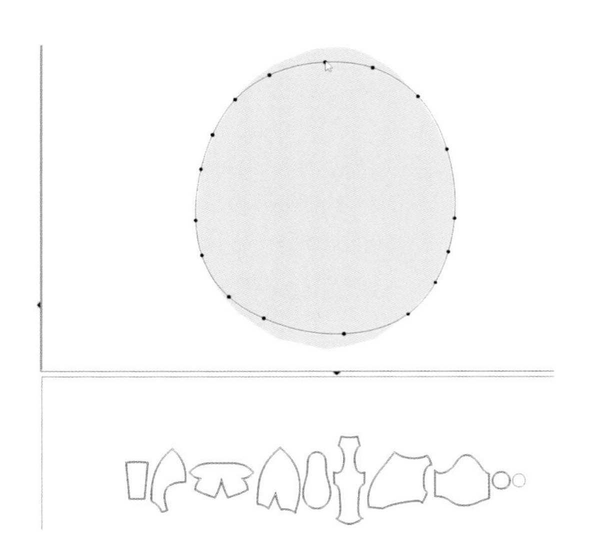

图 7-8　狗的计算机开版截图

狗的纸样一共有 12 片，如图 7-9 所示。

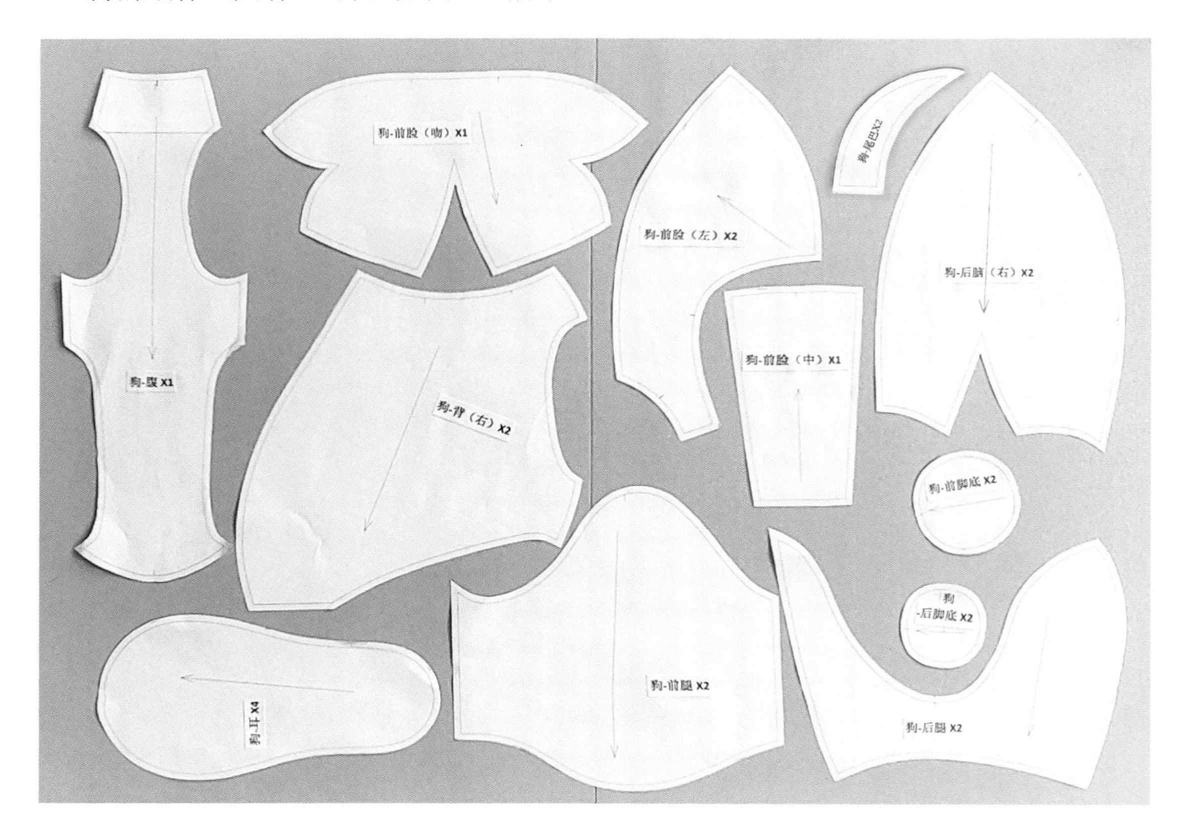

图 7-9　狗的纸样

二、材料准备

狗的高度为 45cm，根据此高度，制作者需购买如下材料。

（1）橘色拖把绒 1m。

（2）白色短毛绒 0.5m。

（3）填充料（如 PP 棉、珍珠棉等）1.5kg。

（4）玻璃眼睛一对，鼻子一个。

三、裁剪面料

在裁剪面料时，首先，要注意毛向，左右对称的纸样，纸样方向应保持与纱线平行；其次，要注意外形对称的部位，一片纸样需剪出两块一模一样的裁片，方法为将两块面料对叠，并且纱线方向对称，在上面的面料上画好纸样图形后，将两块面料一起剪。狗的纸样摆放（部分纸样）如图 7-10 所示。

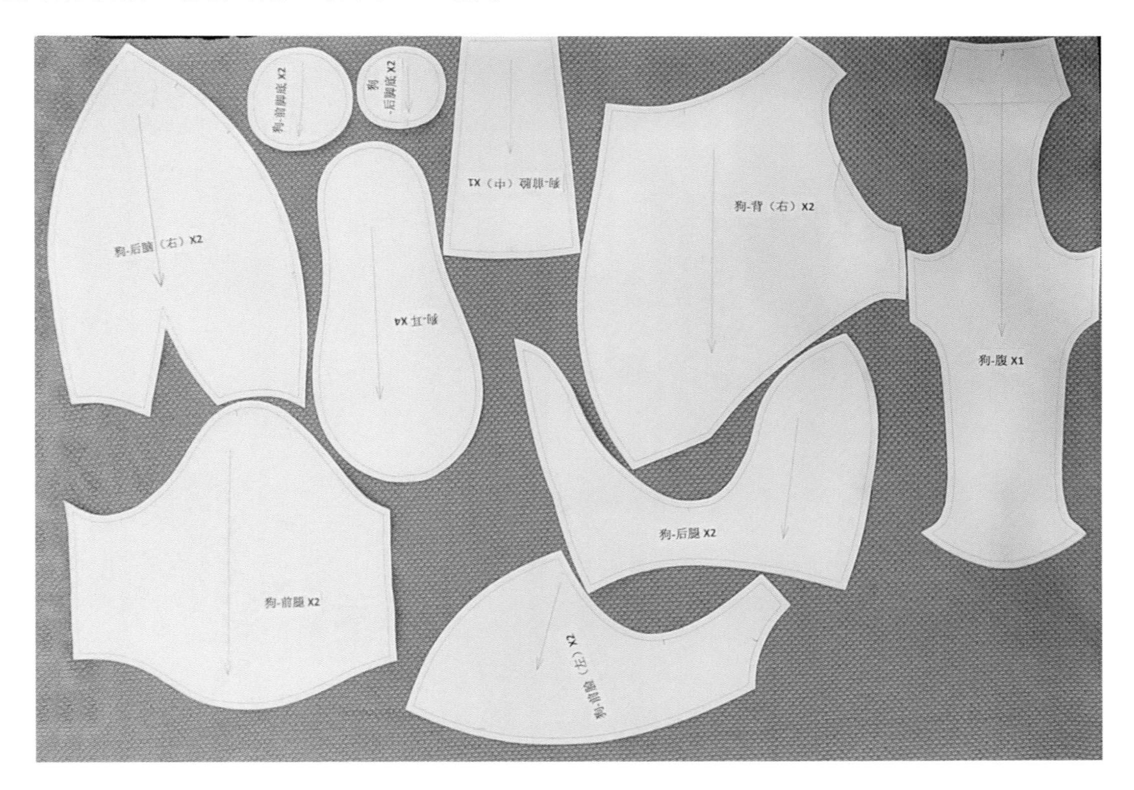

图 7-10　狗的纸样摆放（部分纸样）

四、缝合成型[①]

1．注意事项

（1）毛高会影响制作过程，因此制作者应先把所有缝合边的毛剪短，再进行缝合。

（2）狗的后腿与躯干连接处的缝合边较长，缝合不好容易影响外形，因此制作者在缝合时需要进行手工缝制。

2．缝合步骤

（1）缝合耳朵、尾巴。在尾巴内弧处剪牙口，翻过来填充，不要填充太多。

（2）准备好需要缝合杆的3块裁片：一块吻、两块后脑的裁片。

（3）将杆全部缝合好。注意：缝合边的长度与宽窄尽量保持一致。

（4）准备好前脸的左、中、右3块裁片。

（5）缝合好前脸的左、中、右3块裁片。

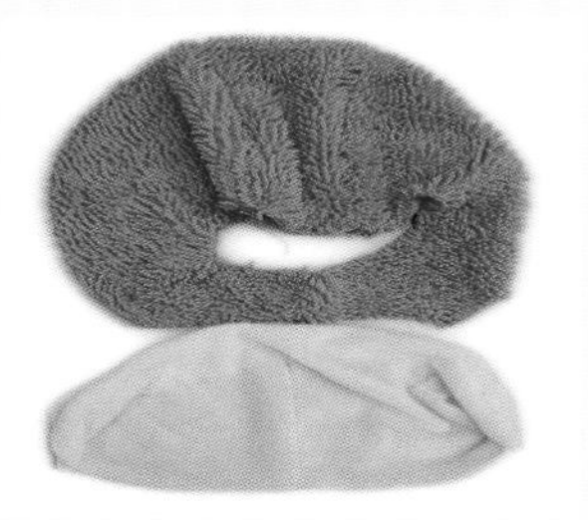

（6）准备好前脸与吻。

（7）缝合前脸与吻。这里的点位较多，要一一对好，否则面部容易歪斜，影响美观。

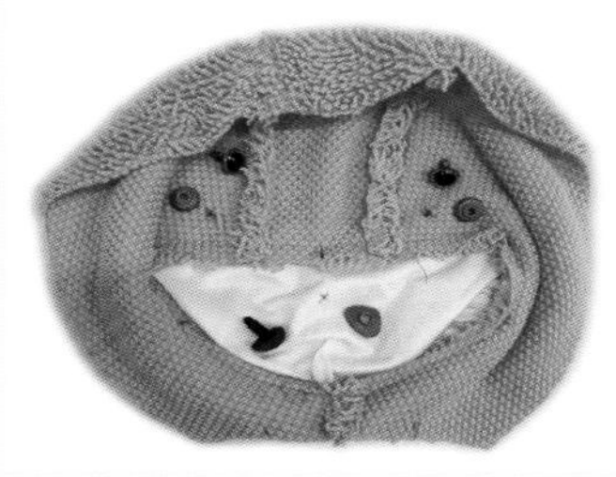

（8）安装带螺旋脚的眼睛与鼻子。在反面做标记，孔不要扎得太大，以防眼睛、鼻子脱落。

① 可在本章末尾处扫码观看视频。

（9）将眼睛与鼻子安装好。前脸制作完毕。

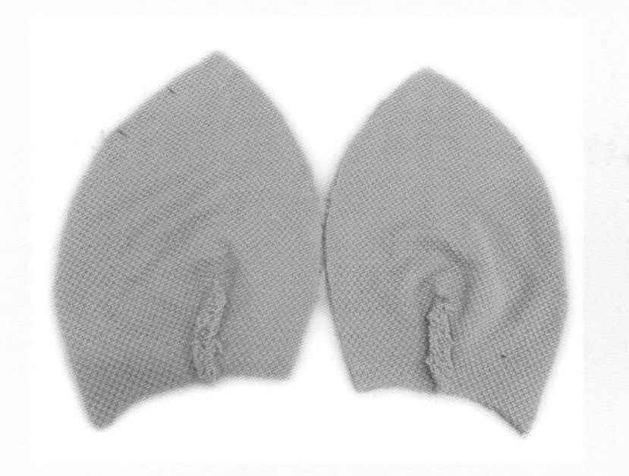

（10）准备好后脑的两块裁片。注意：两块裁片的左、右位置要正确。

（11）将后脑缝合好。注意：这里的缝合边较长，在缝合过程中，要对齐上、下缝合边，尽量不要错位。

（12）准备好前脸与后脑。

（13）准备好前脸、后脑与耳朵。注意：在夹耳朵时，要使耳朵的浅色裁片朝向前脸。

（14）缝合完头部。建议：先固定好耳朵、前脸和后脑对应的点位，再一次性缝合完成。

（15）准备好背部的两块裁片与尾巴。

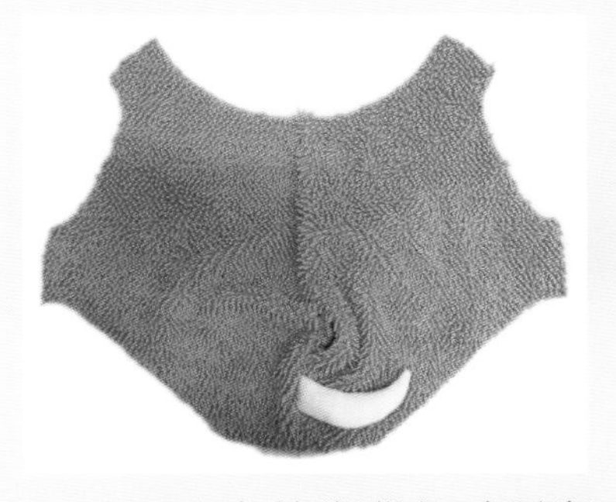

（16）在缝合背部时要留下长度约为 8cm 的返口，并且夹上尾巴。

（17）准备好背部与腹部的两块裁片。注意：腹部与背部的前后方向要对应。

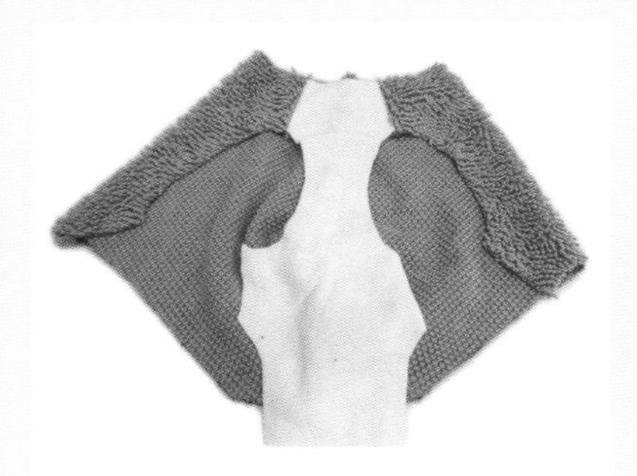

（18）缝合背部与腹部的肩部。

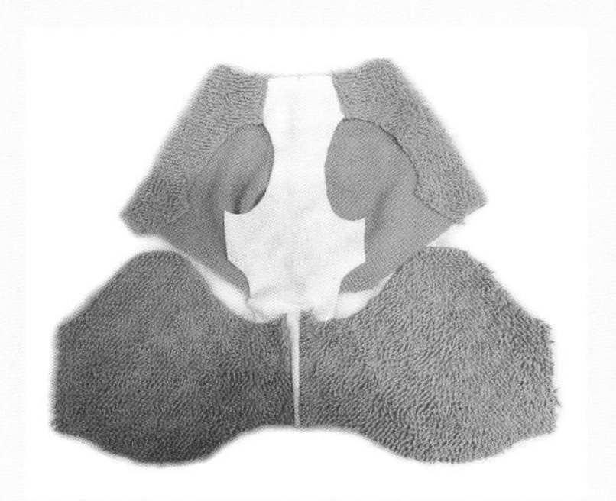

（19）先将两条前腿与躯干左、右的两条弧形缝合边进行缝合，再依次缝合两个前腿，以及背部与腹部这一条相连的缝线。

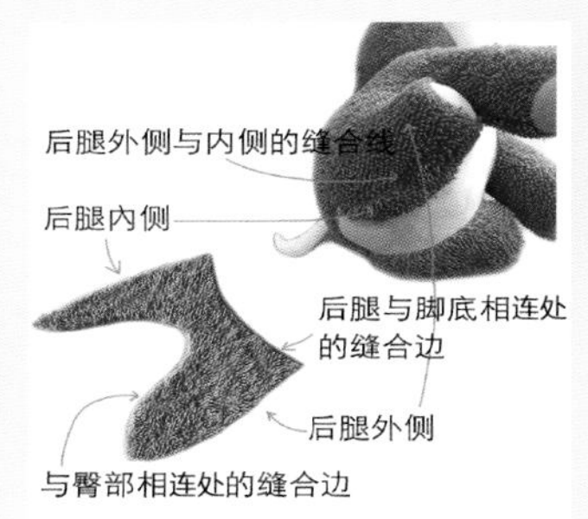

（20）先缝合两条后腿与躯干，再缝合左后腿、臀部、右后腿这一条相连的缝合线。

（21）前、后腿缝合完成。在缝合前、后腿的过程中，一定要注意左、右腿的方向不要弄错。

（22）依次缝合 4 条腿的脚底。

（23）缝合头部与躯干。注意：对好头部与躯干中心线的点位。建议：先在前、后中心位置进行固定，再一次性缝合完成。把外壳翻过来进行填充。先填实 4 条腿，再逐步填实头部、躯干。在填充完成后，用藏针缝针法缝合返口。

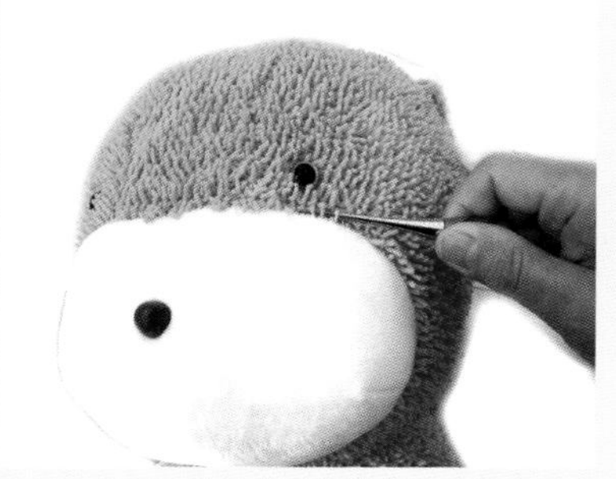

（24）整理。用锥子沿缝合边挑出被“吃”进去的绒毛。

（25）整理完成。

第三节　四腿站立型儿童布绒玩具制作实例——象

四腿站立是儿童布绒玩具中比较常见的造型之一，这种造型的儿童布绒玩具的制作难度较双腿站立的儿童布绒玩具大得多。根据设计的不同，儿童布绒玩具中四腿站立的形态又有很多丰富的变化。首先，腿的粗细和长短有变化；其次，腿的动态有变化，如有的玩具是前面两腿屈膝，后面站立；有的玩具是趴着的，前后腿呈“一”字形。因为儿童布绒玩具的腿的造型不同，所以制作工艺会有一定的差异。本节主要针对四腿站立的经典形态进行案例详解。

四腿站立型儿童布绒玩具有多种制作方法。例如，图 7-11 所示的两个儿童布绒玩具——象 A（左图）、象 B（右图）的造型完全相同，但是它们的开版与缝合方法有所不同。不同之处主要体现在背部与腿部的连接方式上：象 A 的背部与腿部有缝合线，象 B 的背部与腿部没有缝合线，如图 7-12 和图 7-13 所示。下面先介绍象 A 的制作步骤。象 A 的成品图如图 7-14 所示。

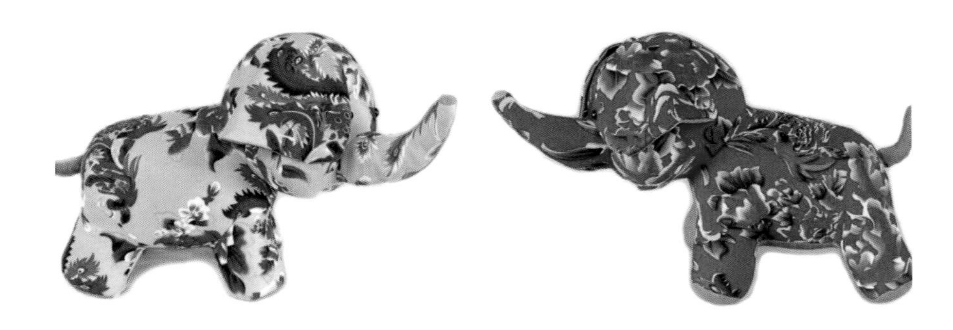

图 7-11　造型相同、开版方法不同的两个儿童布绒玩具——象 A、象 B

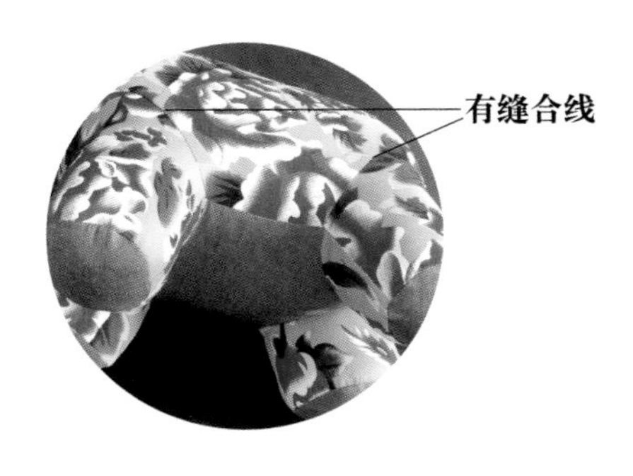

图 7-12　象 A 的局部

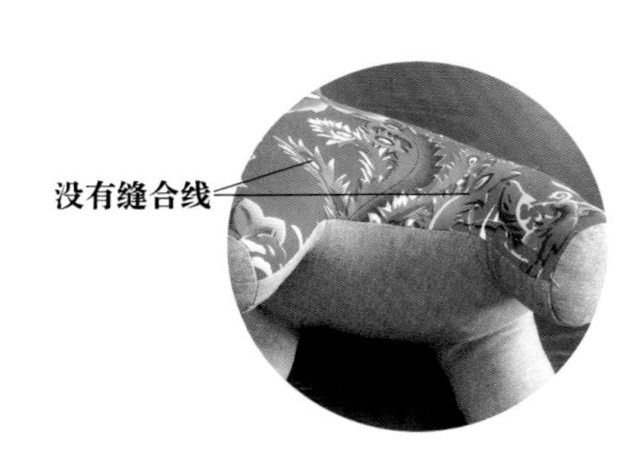

图 7-13　象 B 的局部

图 7-14 象 A 的成品图

一、象 A 的制作步骤

1. 计算机造型与开版

1）象 A 的计算机造型①

从图 7-14 中可以看出，象 A 的头部向右侧扭转约 30°。但是，在做头部造型时，先

① 可在本章末尾处扫码观看视频。

不要按头部扭转的角度进行，最好让头部和躯干保持一个方向，这样比较好操作。等头部和躯干的模型都建好后，再将头部整体扭转适当的角度。在模型完成后，务必从不同角度观察模型（见图 7-15），以便确保造型无误，为后期开版的顺利进行打好基础。

图 7-15　象的计算机造型三视图

（注：从左到右依次为 3/4 正视图、3/4 后视图、侧视图）

象 B 是在象 A 的基础上，修订了几处纸样而得到的，所以象 B 的结构与象 A 有所差别，但成品的造型是一样的。

2）象 A 的计算机开版[①]

象 A 的纸样是通过计算机开版得到的。象 A 的计算机开版截图如图 7-16 所示。

图 7-16　象 A 的计算机开版截图

因为象 A 与象 B 的造型与大小相同，所以它们的头部纸样是共用的。除此之外，象 A 与象 B 共用的纸样还包括尾巴和脚底的纸样。象 A 与象 B 共用的纸样如图 7-17 所示，象 A 的躯干和腿部纸样如图 7-18 所示。

① 可在本章末尾处扫码观看视频。

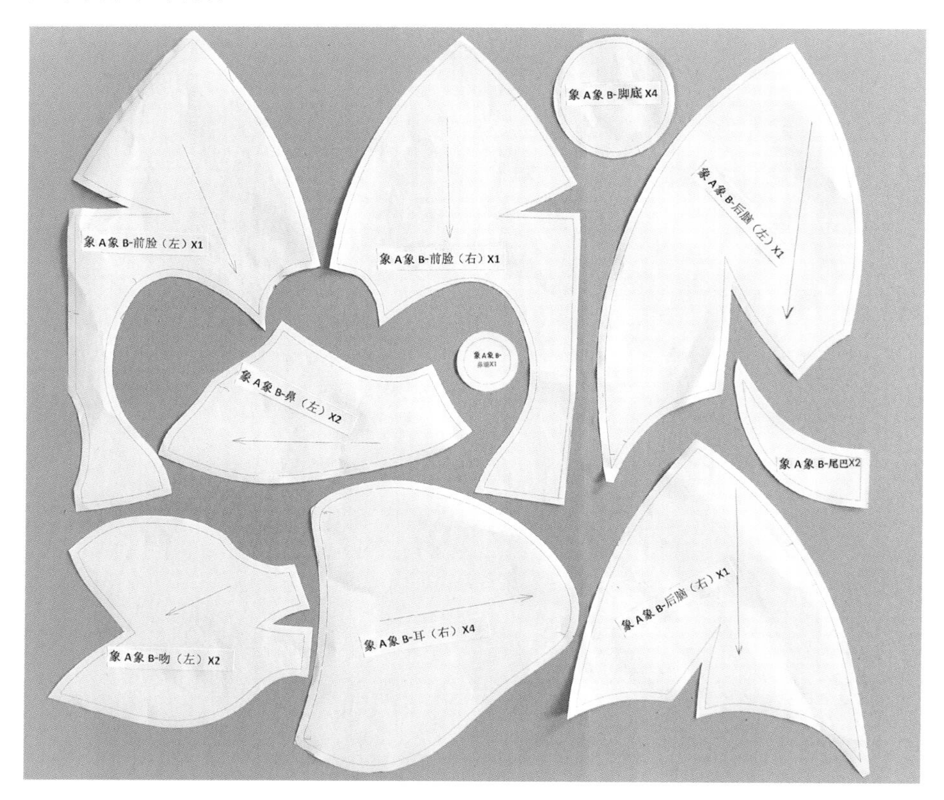

图 7-17　象 A 与象 B 共用的纸样

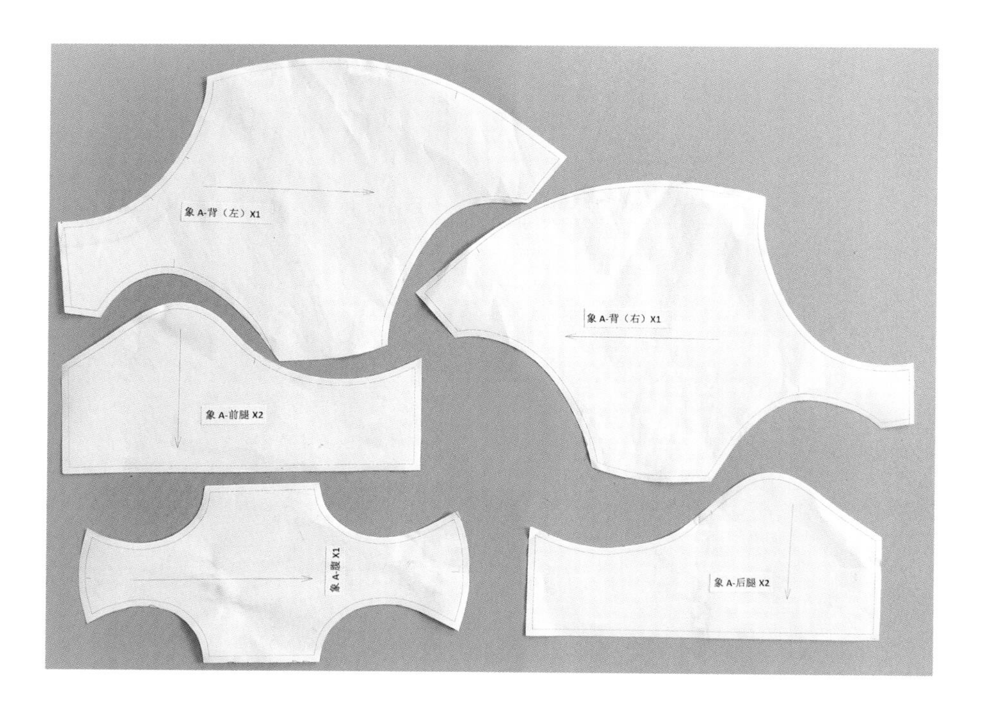

图 7-18　象 A 的躯干和腿部纸样

2．材料准备

象 A 的高度为 40cm，根据此高度，制作者需购买如下材料。

（1）花色棉布 1m。

（2）牛仔布 0.5m。

（3）花边 1m。

（4）填充料（如 PP 棉、珍珠棉等）1.5kg。

（5）玻璃眼睛一对，鼻子一个。

3．裁剪面料

非对称型儿童布绒玩具的制作比对称型儿童布绒玩具的制作麻烦。一般来说，对称型儿童布绒玩具的纸样比较少，用一片纸样可剪出两块相同的裁片，而且无论纸样是否正面朝上，都可以放在面料反面进行操作，这样可保持面料正面的整洁。另外，在裁剪面料时，还可以将两块面料的正、反面相对叠在一起，这样可一次剪出两块裁片。而非对称型儿童布绒玩具的纸样相对较多，因为一片纸样只能剪出一块裁片。对于非对称型儿童布绒玩具，在裁剪面料时最好将正面朝上的纸样放在面料的正面画裁片的形状，否则，做出来的儿童布绒玩具将会与设计图相反。象 A 的头部扭向右侧，导致象 A 的前脸和后脑左右不对称，所以需要两片纸样（见图 7-19）。在裁剪面料时，需将正面朝上的纸样放在面料正面进行操作，这样可以剪出正确的裁片，如图 7-20 所示。对于其他裁片，最好也这样操作，以便制作出与设计图相符的儿童布绒玩具。

图 7-19　象 A 的前脸和后脑的裁片

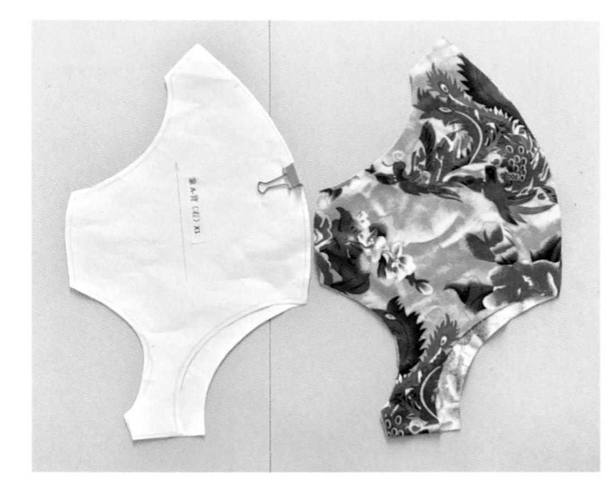

图 7-20　象 A 的纸样在面料上的摆放方法

4．象A缝合成型[1]

1）注意事项

（1）象A的造型不对称，头部扭向右侧，所以制作者在缝合头部与躯干时一定要对好头部中心线与躯干的点位。

（2）象A的面部造型比较复杂，裁片较多，制作者在缝合时要注意按流程进行操作。

2）缝合步骤

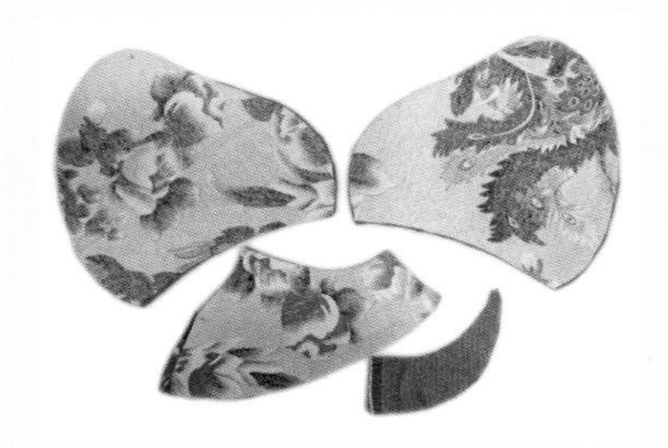

（1）准备好耳朵、鼻子与尾巴的裁片。

（2）缝合好耳朵、鼻子与尾巴，并翻过来备用。先在尾巴的内弧线处剪几个牙口，再翻过来填充。在缝合鼻子时，仅缝合上面的缝合边。

（3）准备好前脸、后脑，以及吻的左、右裁片。

（4）缝合前脸、吻及后脑的杆。

（5）先缝合前脸的左、右两块裁片，再将其与鼻子进行缝合。

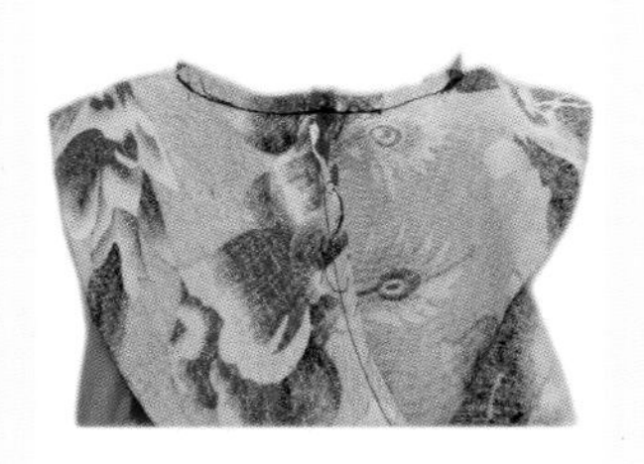

（6）在缝合鼻子与前脸时，只缝合到鼻子的记号处。

（7）先将左侧的吻与左脸、鼻子进行缝合，再将右侧的吻与右脸、鼻子进行缝合，接着缝合鼻子、吻、前脸下部这一条相连的缝合线。

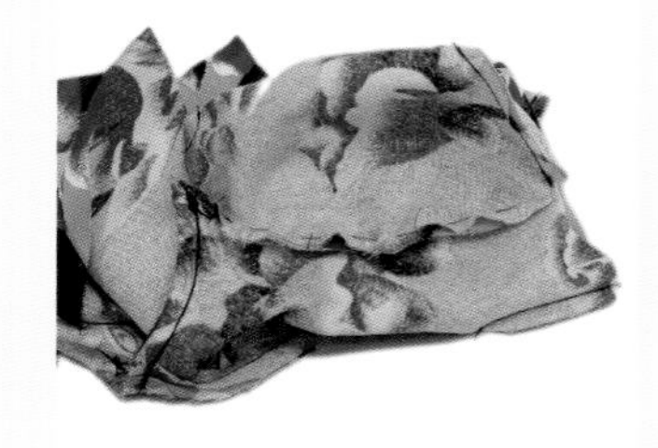

（8）吻的缝合边呈外弧线，而前脸的缝合边与之相反，在缝合时比较难操作，因此适宜先进行手工缝制，再进行机器缝制。

① 可在本章末尾处扫码观看视频。

（9）先缝合鼻子、吻与下巴的缝合边，再缝合鼻端。

（10）安装好眼睛。至此，头部的前脸缝合完成。

（11）缝合后脑的左、右两块裁片。

（12）将耳朵固定在后脑上，要注意耳朵的左、右、前、后方向。

（13）缝合前脸与后脑。建议：在缝合前先固定好前脸与后脑的中心线。

（14）缝合完成的头部。

（15）准备好背部的两块裁片与尾巴。

（16）在缝合背部时留下长度约为 8cm 的返口，并且夹上尾巴。

（17）准备好背部与腹部的两块裁片。注意：腹部与背部要前后对应。

（18）缝合背部与腹部的前面。

（19）前、后腿与躯干的缝合分为 3 步。

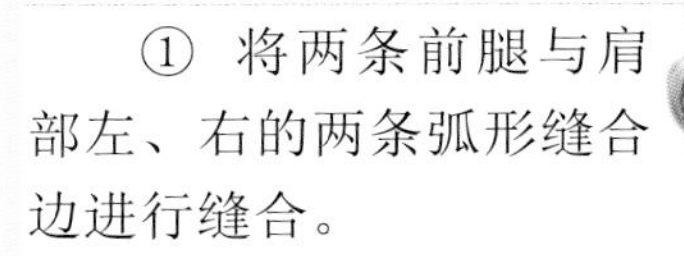

① 将两条前腿与肩部左、右的两条弧形缝合边进行缝合。

② 将两条后腿与臀部左、右的两条弧形缝合边进行缝合。

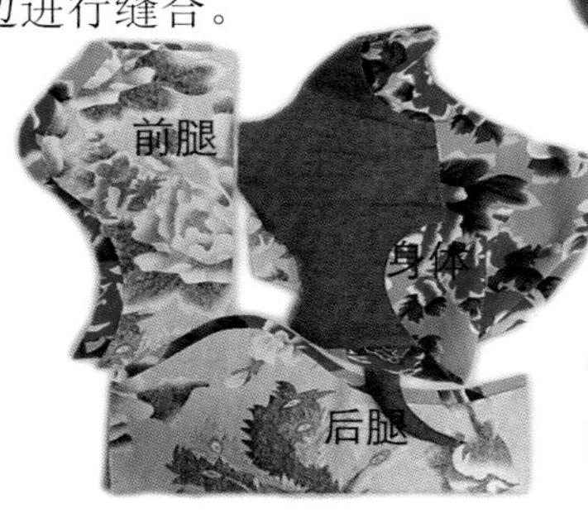

③ 依次缝合前腿、腹部与背部、后腿这一条相连的缝合线。

（20）依次缝合 4 个脚底的裁片。

（21）缝合头部与躯干。注意：对好头部中心线与躯干的点位（头部是扭向右侧的，因此头部与躯干的中心线是错位的）。建议：先将头部与躯干的前、后进行固定，再一次性缝合完成。

（22）翻过来进行填充。先填实鼻子、头部、4 条腿，再填实躯干。在填充好后缝合返口。

（23）清理线头，熨烫平整，整理完成。

二、象 B 的制作步骤

象 B 的成品图如图 7-21 所示。

图 7-21　象 B 的成品图

1. 修订纸样

修订纸样主要是指对象 A 的躯干和腿部纸样进行修订。象 B 的头部纸样与象 A 的

头部纸样相同，因此象 B 的头部纸样可直接用象 A 的头部纸样。修订的主要内容：将象 A 的前、后两条腿的纸样左右对折，得到象 B 的前、后腿的内部纸样，如图 7-22 所示；将象 A 的背部纸样与象 A 腿的外侧纸样连接起来，再画出纸样的外轮廓，得到象 B 的躯干和前、后腿的外部纸样，如图 7-23 所示。象 B 的躯干和腿部纸样如图 7-24 所示。

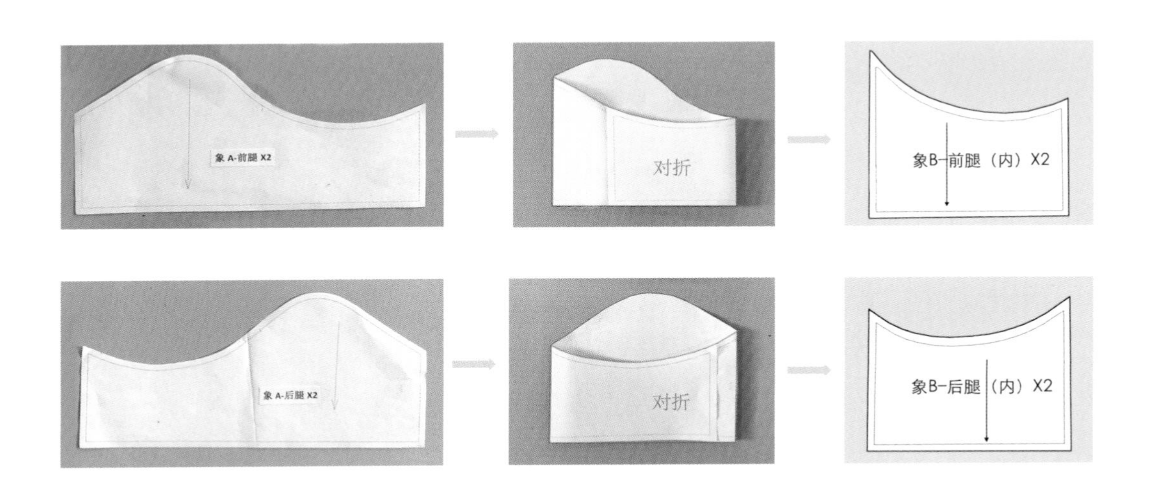

图 7-22　象 B 的躯干和腿部纸样加工图（一）

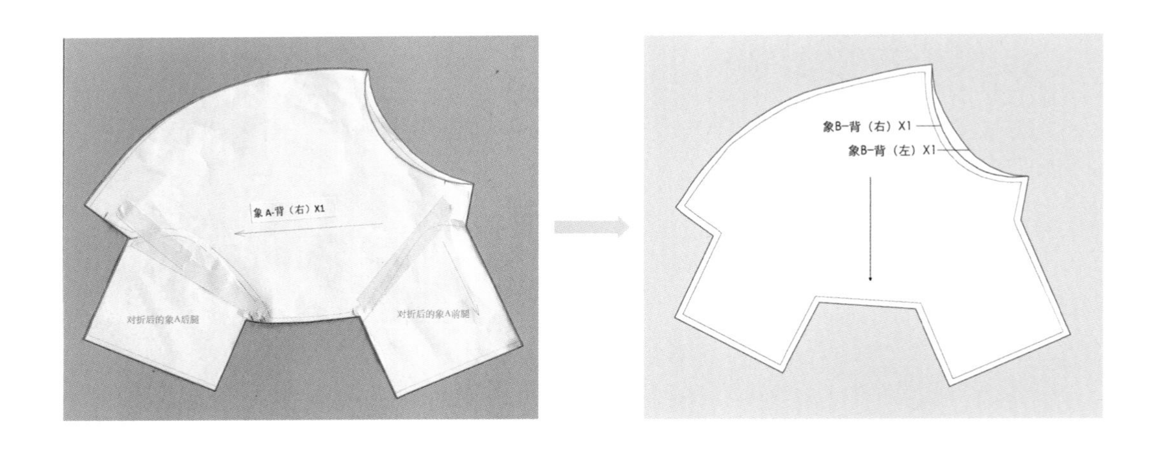

图 7-23　象 B 的躯干和腿部纸样加工图（二）

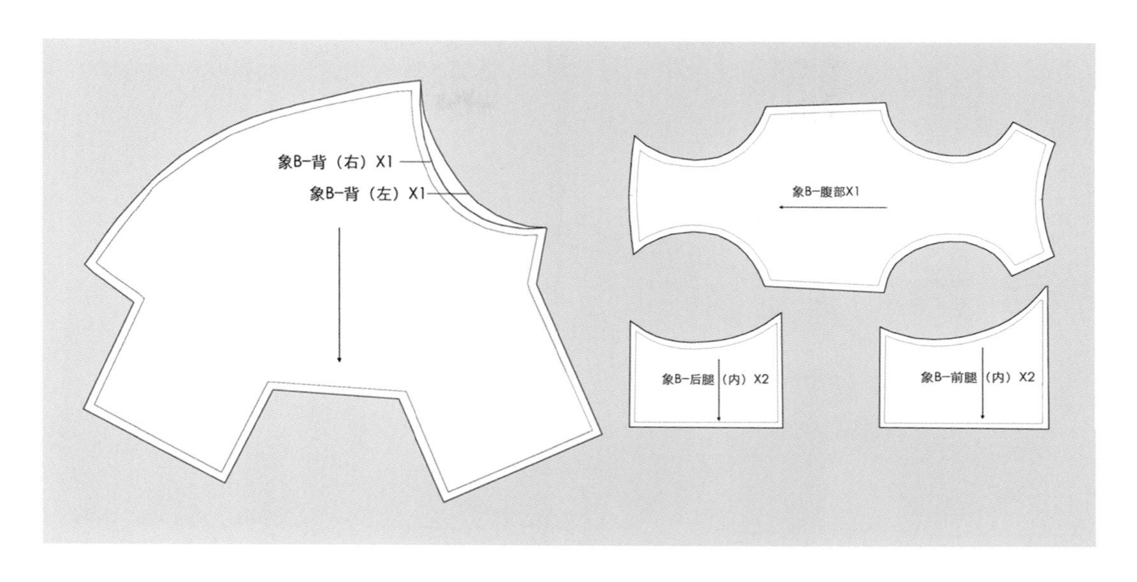

图 7-24　象 B 的躯干和腿部纸样

2．材料准备

因为象 B 的造型、大小与象 A 一样，并且版型基本相似，所以材料也相似，只是面料的色彩与象 A 有区别。

3．裁剪面料

在裁剪面料时，注意事项与裁剪象 A 的面料时的注意事项相同。

4. 象 B 缝合成型[①]

1）注意事项

象 B 的头部缝合步骤与象 A 的头部缝合步骤相同。因为象 A 与象 B 的造型相同，它们共用头部纸样，缝合方法和过程是完全相同的，所以此处省略象 B 的头部缝合步骤。

2）缝合步骤

（1）缝合完成的头部。

（2）缝合背部。留下长度约为 8cm 的返口，并且夹上尾巴。缝合背部的前中心线。

（3）准备好腹部与前、后腿内侧的裁片。

（4）缝合腹部与前、后腿内侧的裁片。注意：腹部与背部，以及前、后腿的方向要一一对应。

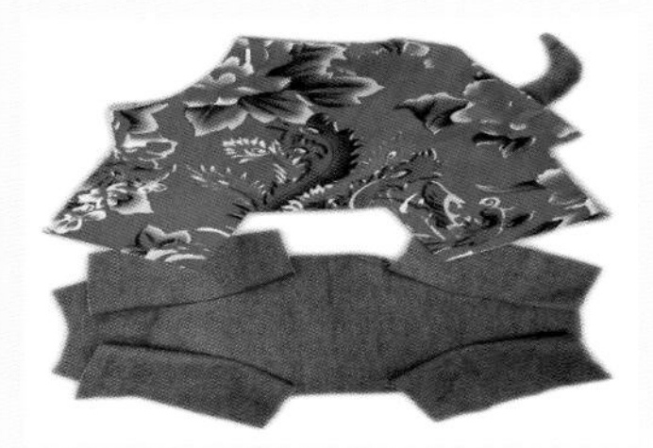

（5）准备好缝合好的背部与腹部。注意：前、后方向要一致。

（6）先缝合背部与腹部的前、后两处，再依次缝合背部与腹部的左、右两侧。准备好4个脚底的裁片。

（7）依次缝合 4 个脚底的裁片。

（8）将躯干与头部进行缝合。建议：先按点位标记固定好头部与躯干，再进行缝合。

（9）先翻过来进行填充，再缝合返口，最后整理完成。

① 可在本章末尾处扫码观看视频。

第四节　直立型儿童布绒玩具制作实例——鹿

给直立型儿童布绒玩具穿上不同的衣服，会使其外形更加个性化。例如，在给如图7-25所示的两个身体造型完全相同的鹿分别穿上裤子和裙子后，它们就具有了性别属性。

图7-25　鹿的成品图

鹿的身体正面图和侧面图如图 7-26 和图 7-27 所示。

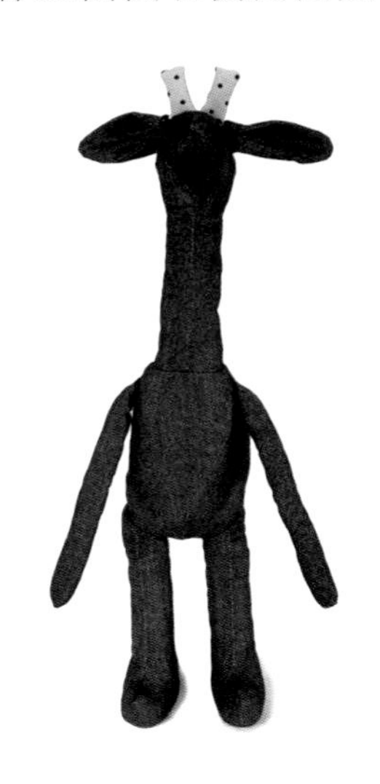

图 7-26　鹿的身体正面图

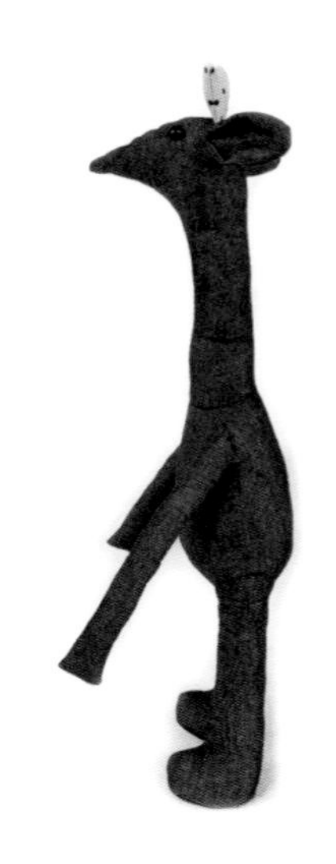

图 7-27　鹿的身体侧面图

一、鹿的计算机造型与开版

1．鹿的计算机造型[①]

在造型环节，制作者要根据儿童布绒玩具的身体特征设定模型的高度。鹿的身体整体上呈细长型，这就意味着局部的体积相对较小，因此模型适宜做高一点，这样体积较小的地方也会相应地变大，缝合时就比较容易操作。特别是对初学者来说，儿童布绒玩具宜大不宜小。儿童布绒玩具越大，局部越大；反之，儿童布绒玩具越小，局部越小。局部大，缝合时裁片的形状和关键点就更加清晰，更易操作，而且缝合时稍有出入，也不会对儿童布绒玩具的外形产生很大的影响；反之，局部小，缝合时容易出错，而且缝合时稍有错位，就会对儿童布绒玩具的外形产生较大的影响。在鹿的造型（见图 7-28）中，手臂和腿都比较纤细，由此可见，整体模型的尺寸越小，这些部位就越细，缝合难度也就越大。当然，模型太高，操作时也会有其他方面的不便，所以模型的高度适中较好。对初学者来说，将鹿的身高设定在 50cm 左右比较适合。以后随着布艺制作水平的提升，制作者可以尝试制作更小的玩具。

2．鹿的计算机开版[①]

鹿的开版并不复杂，但制作者需要注意头部的耳朵、鹿角的结构。制作者最好在头部的耳朵这个地方开一个杆（见图 7-29），这样就可以很自然地把头部与耳朵、鹿角缝合起来。

① 可在本章末尾处扫码观看视频。

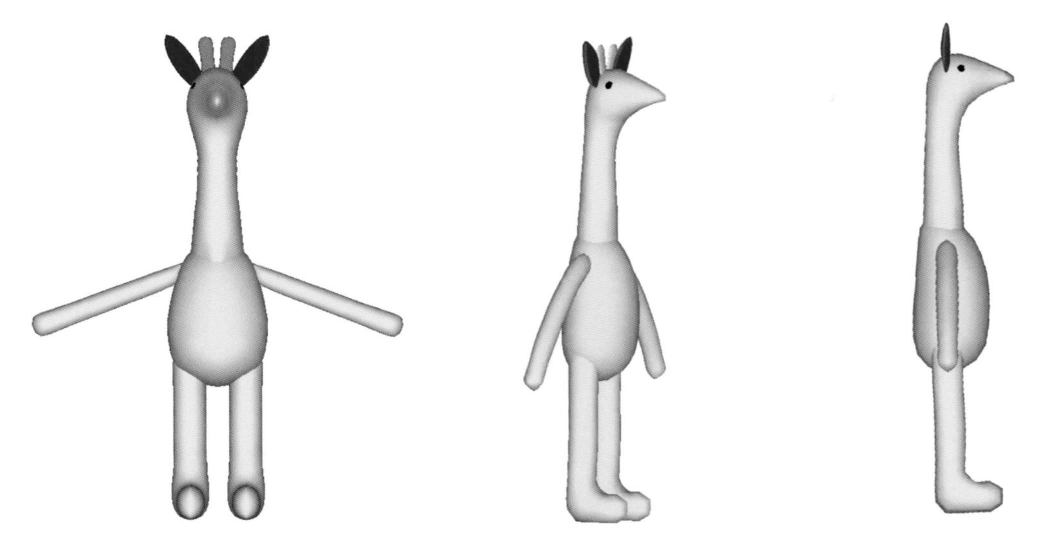
图 7-28　鹿的计算机造型三视图

（注：从左到右依次为正视图、3/4 侧视图、侧视图）

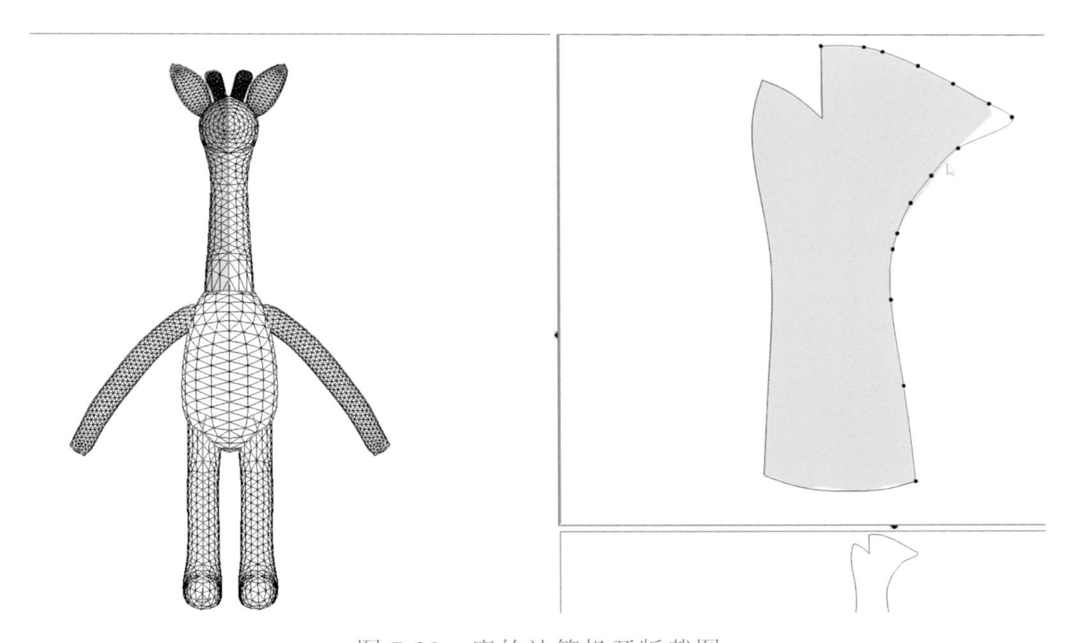
图 7-29　鹿的计算机开版截图

鹿的身体纸样有 8 片（见图 7-30），鹿的衣服纸样有 7 片（见图 7-31）。在鹿的衣服纸样中，女装的上衣（连衣裙的上半部分）纸样与男装的上衣纸样相同。

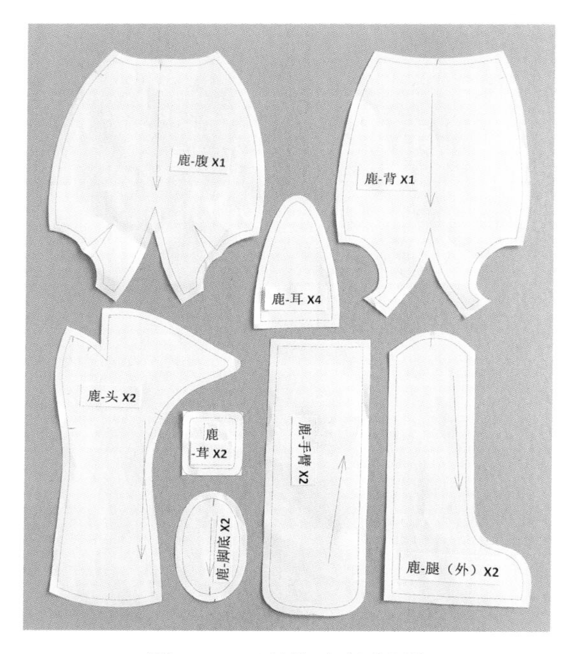

图 7-30　鹿的身体纸样

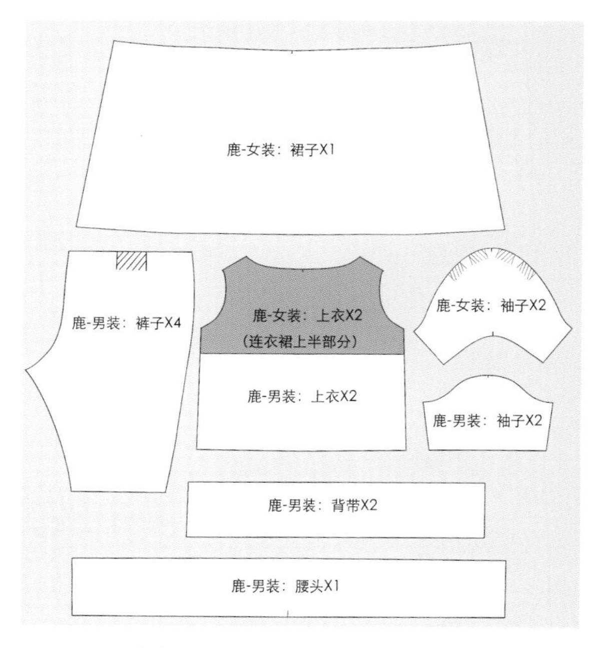

图 7-31　鹿的衣服纸样

二、材料准备

鹿的高度为 45cm，根据此高度，制作者需购买如下材料。

（1）牛仔布 1m。

（2）3 种颜色的棉布各 0.5m。

（3）花边 1m。

（4）填充料（如 PP 棉、珍珠棉等）1.5kg。

（5）玻璃眼睛一对，鼻子一个。

三、裁剪面料

鹿的身体呈细长型，因此制作者在裁剪面料时，需要注意将纸样沿经线方向摆放，不要歪斜，否则做出的鹿容易扭曲变形。由于左、右裁片的纱线方向不同，因此面料的伸缩性不同，即使制作者在缝合时是严格按照点位标记进行操作的，也可能会发生鹿的外形扭曲的现象。

四、缝合成型——鹿的身体[①]

1．注意事项

（1）鹿的脖子、手臂与腿比较细长，制作者在缝合过程中不要让两条缝合边错位，否则极容易影响鹿的外形。

（2）鹿的头部要同时夹住鹿茸和耳朵，而且这里的缝合边较短，不易操作，因此制作者在缝合时要特别小心。

2．缝合步骤

（1）缝合耳朵、鹿茸与手臂。将它们都翻过来，把耳朵对折固定好，将鹿茸与手臂都填充好备用。

（2）准备好头部的裁片。

（3）先缝合头部和脖子，再缝合头顶的杆。在缝合杆时夹上耳朵与鹿茸。

（4）安装眼睛。

（5）先缝合好腹部和背部的杆，再准备好手臂。

（6）缝合躯干两侧的缝合边。注意：在两侧夹上手臂，在左侧留下长度约为8cm的返口。

（7）缝合躯干与脖子。注意：对好脖子与躯干的中心线。建议：先固定好点位，再缝合。

（8）先缝合好腿，再缝合脚底。

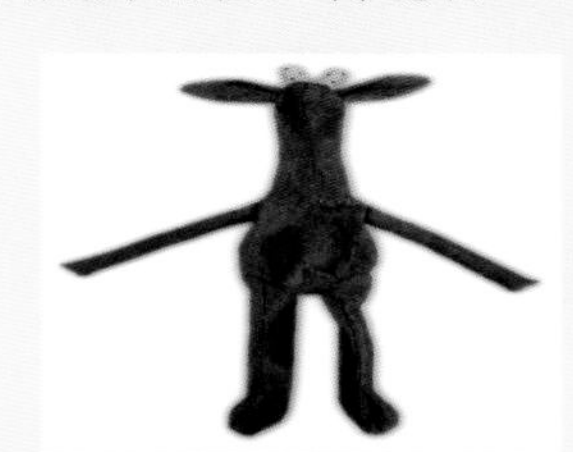

（9）缝合腿与躯干。这里的缝合难度较大，因此适宜适当使用手工缝制方法。

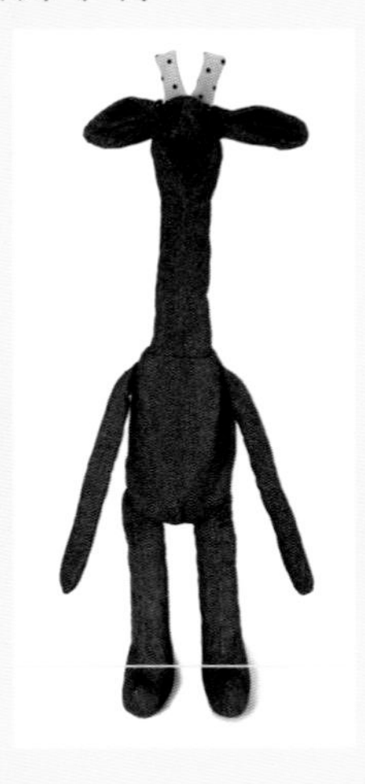

（10）翻过来进行填充，整理完成。

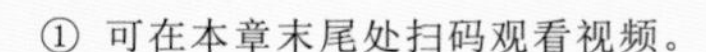

① 可在本章末尾处扫码观看视频。

五、缝合成型——女装[1]

缝合步骤如下。

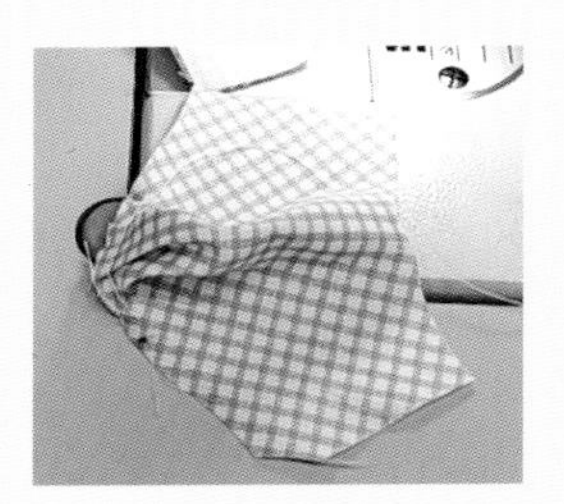

（1）将袖子的袖笼弧线打褶。

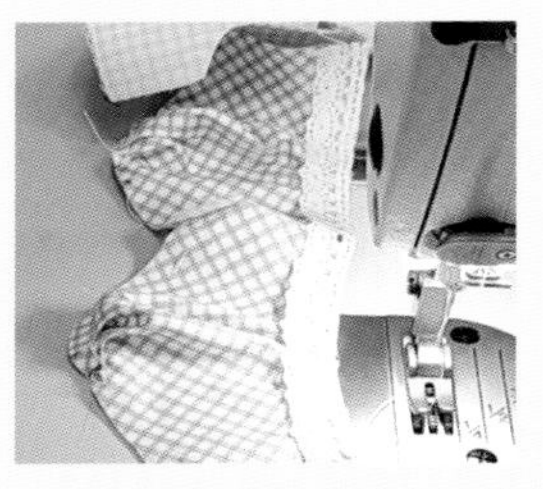

（2）在袖子底边装饰花边。先将袖子裁片的正面朝上，再将花边沿底边放齐后走线。

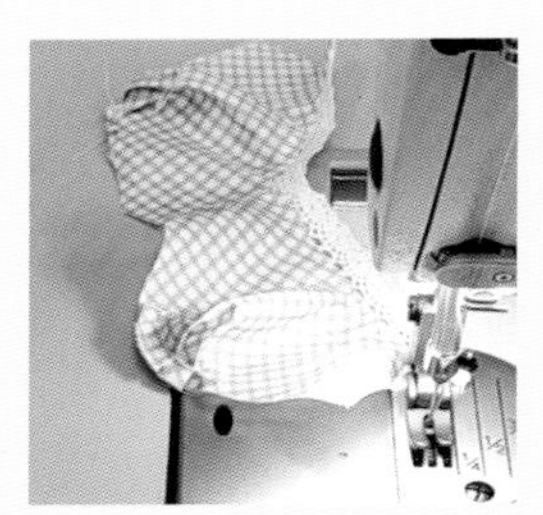

（3）把花边倒向右侧，在底边的正面压线。

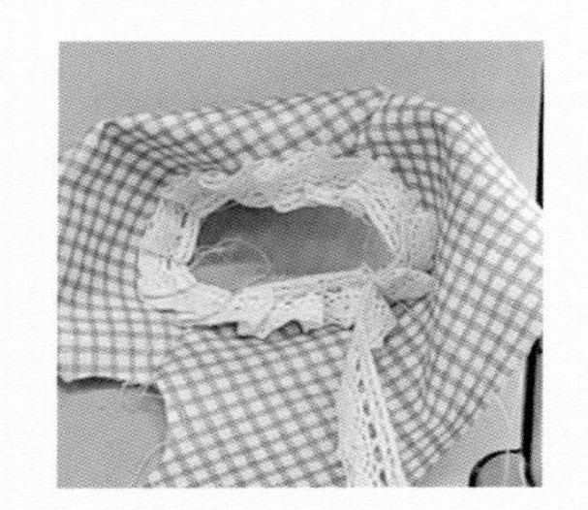

（4）先缝合左、右肩线，再给领子装饰花边。先将衣领的正面朝上，再将花边沿领口的弧线缝合边放齐后走线。

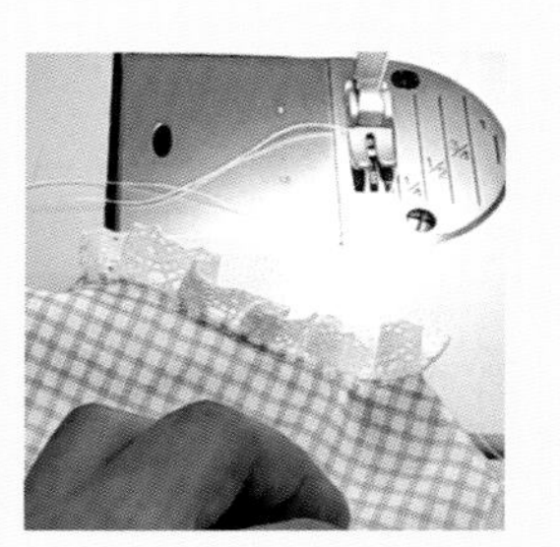

（5）将花边倒向右侧，在领口的正面压线。

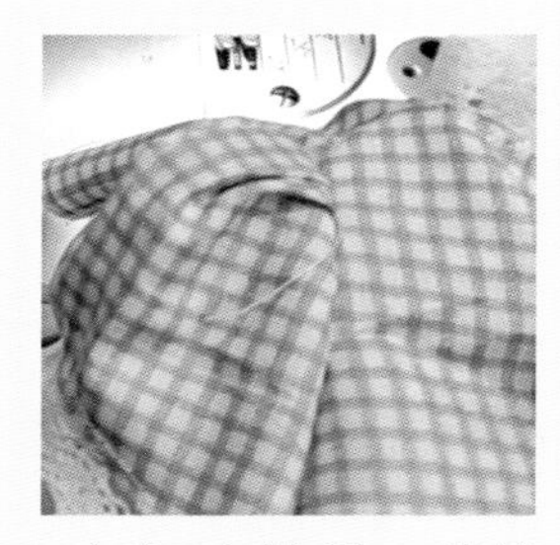

（6）上袖子。建议：先将袖山中心与肩线对齐、固定，再缝合。

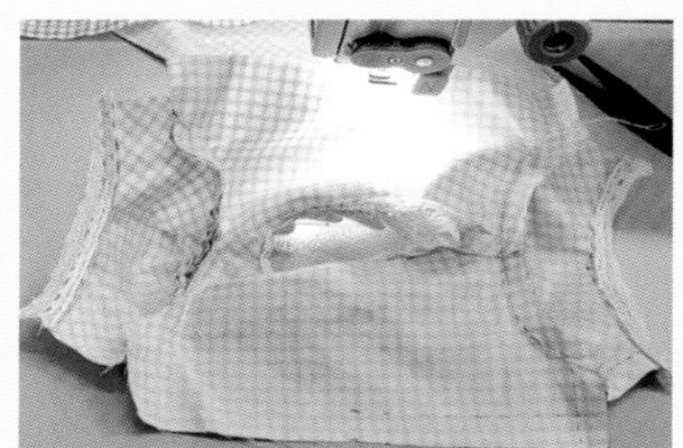

（7）依次将两个袖子都上好。

① 可在本章末尾处扫码观看视频。

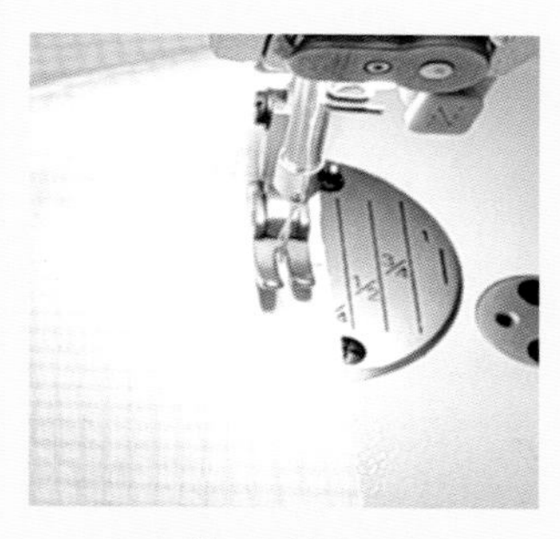

（8）将两块裙片抽褶，在腰线上走一条线。

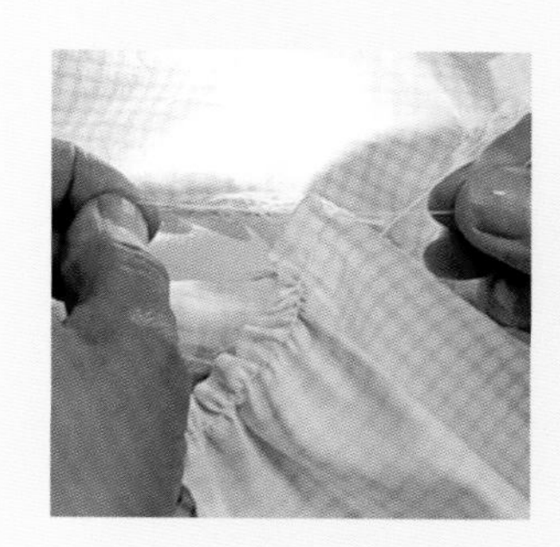

（9）抽动一根线，在产生褶皱后调整均匀。在抽好褶后，新的腰线与上衣的腰线一致。

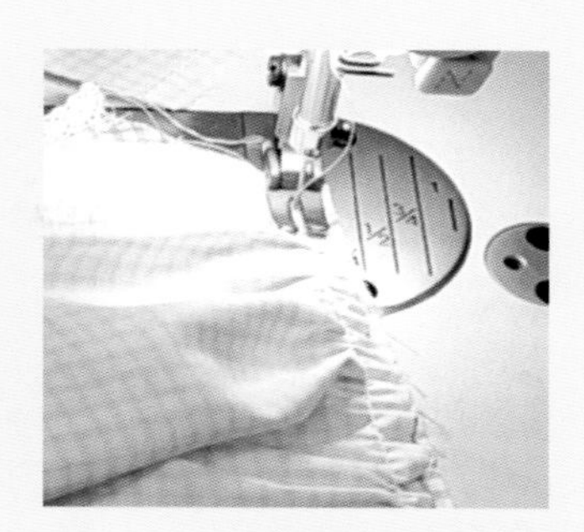

（10）依次缝合两块裙片与前、后上衣。

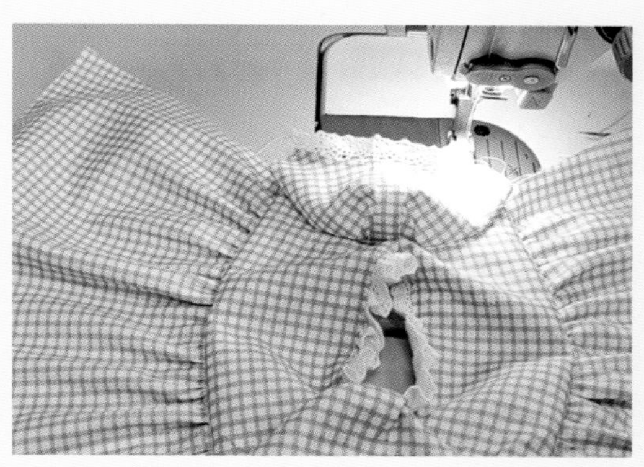

（11）裙片与上衣缝合完成。

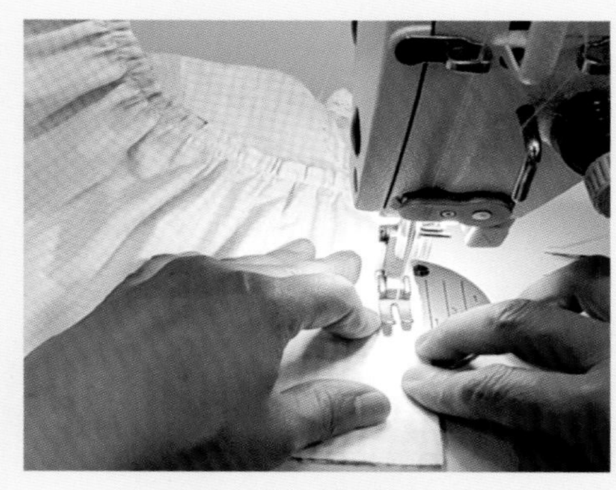

（12）对叠好袖子的缝合边，从袖子开始，缝合连衣裙左、右两侧的侧缝线。

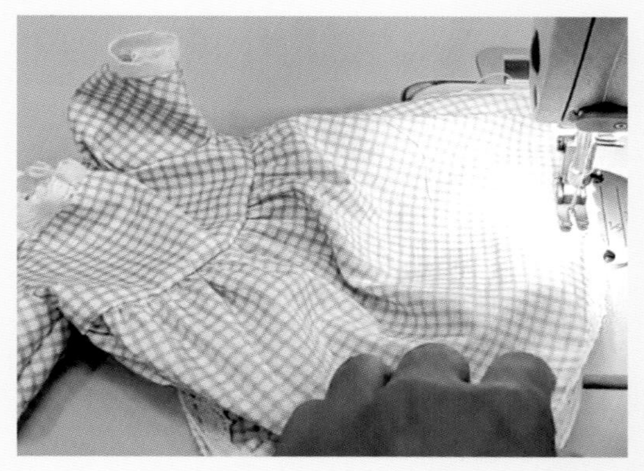

（13）给连衣裙底边装饰花边。先将底边正面朝上，沿缝合边放好花边，从正面进行缝合，再把花边倒向右侧，在底边上压线。

（14）清理线头，熨烫平整，连衣裙缝合完成。

六、缝合成型——男装[①]

缝合步骤如下。

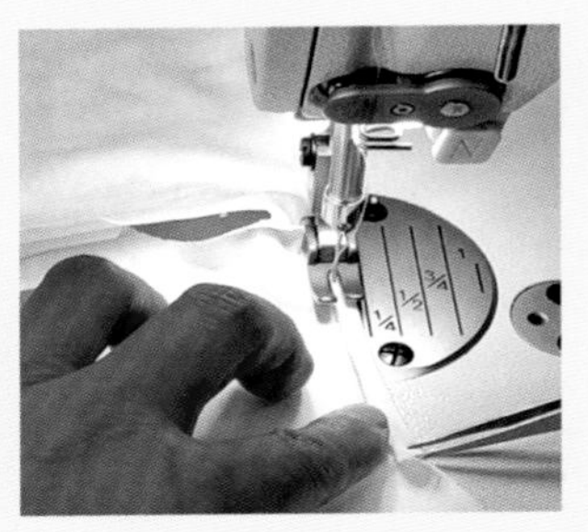

（1）缝合上衣。将上衣的前、后领口处卷边。

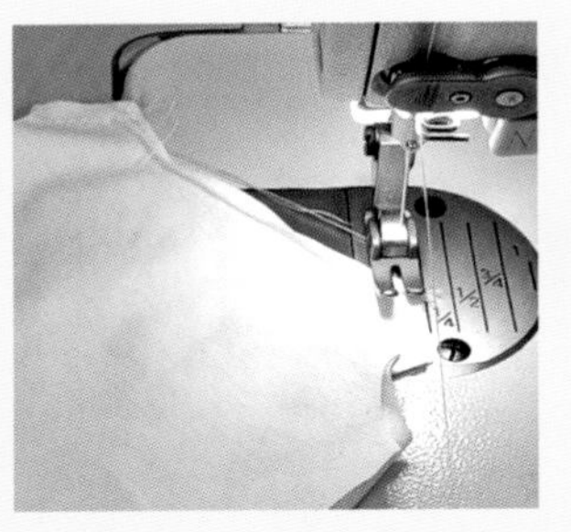

（2）缝合左、右两侧的肩线。

（3）准备好袖子的裁片。将两块裁片的底边卷边。

（4）上袖子——缝合袖笼弧线与袖山弧线。建议：先固定好袖山弧线的中心与肩缝线，再缝合。

（5）依次缝合左、右两侧的缝合边。

（6）将底边卷边。

（7）清理线头，熨烫平整，上衣缝合完成。

① 可在本章末尾处扫码观看视频。

（8）缝合好背带备用。先从反面进行缝合，再翻过来在正面压线。

（9）将裤子的4块裁片依次打褶。注意：按标记宽度控制褶量。

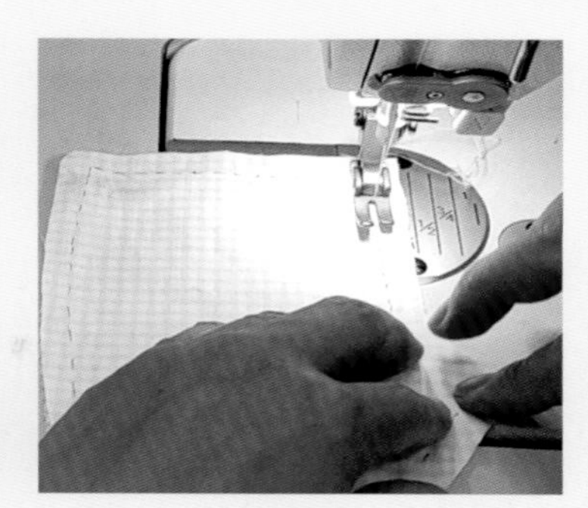

（10）依次缝合前面与后面的直裆缝线。

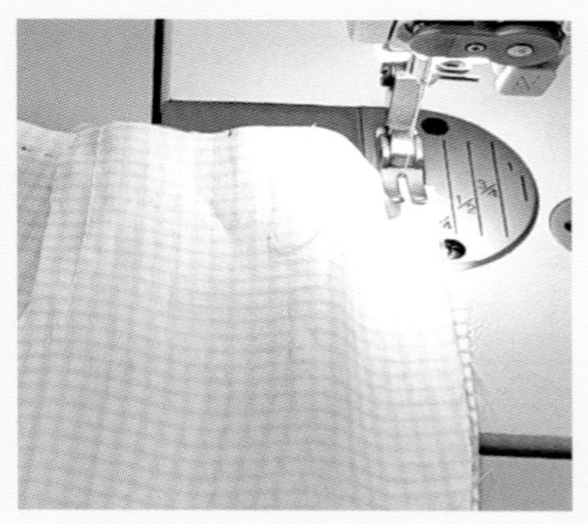

（11）把裤子的裁片上下叠整齐，依次缝合两侧的缝合边。

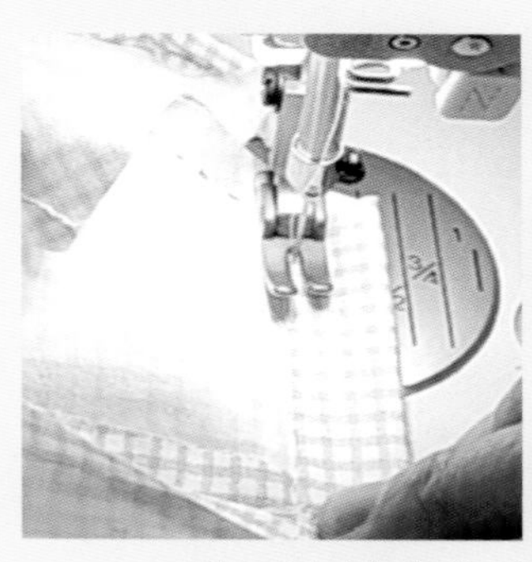

（12）将两个裤脚卷边。

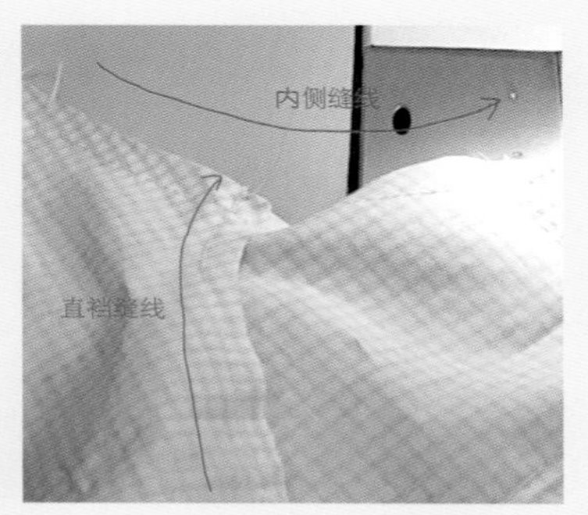

（13）缝合裤子的内侧缝线。

（14）上腰。注意：将前、后的直裆缝线与腰头的前、后中心线对齐。建议：先固定好前面，再缝合。

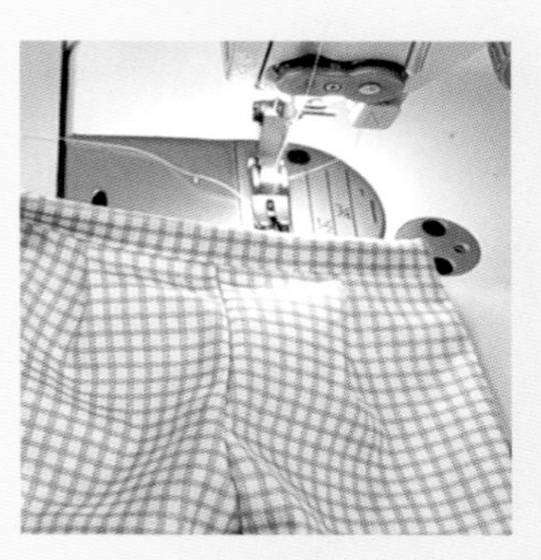

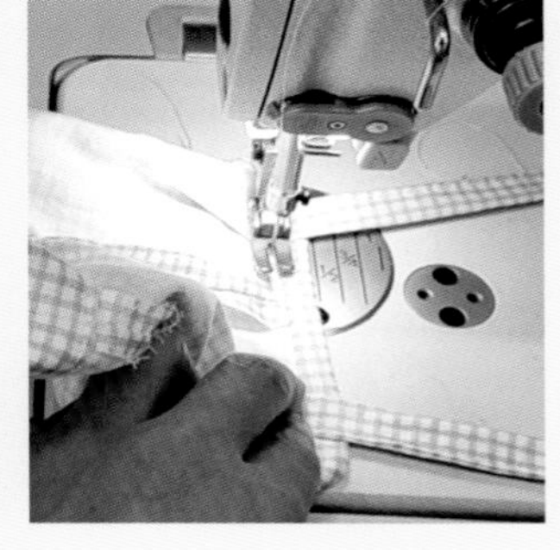

（15）安装背带。在缝合前先在鹿身上试一下，明确背带的长短与位置。

（16）清理线头，熨烫平整，裤子缝合完成。

拓展阅读

1．段婷．服装款式设计[M]．石家庄：河北美术出版社，2009．
2．王琦．服装结构设计[M]．银川：阳光出版社，2018．

思考与练习

请制作坐立型儿童布绒玩具、前立后蹲型儿童布绒玩具、四腿站立型儿童布绒玩具、直立型儿童布绒玩具，要求如下。

（1）造型美观、细节丰富、材料有变化。

（2）工艺细致。

（3）高度在 45cm 左右。

1．兔的计算机造型

2．兔的计算机开版

3．兔的缝合成型

4．狗的计算机造型

5．狗的计算机开版

6．狗的缝合成型

7．象（A、B）的计算机造型

8．象 A 的计算机开版

9．象 A 的缝合成型

10．象 B 的缝合成型

11．鹿的计算机造型

12. 鹿的计算机开版

13. 鹿的缝合成型

附录A　制作流程中的安全操作与注意事项

一、防止粉尘进入呼吸道

在裁剪及缝合过程中，操作者容易吸入粉尘。这些物质主要来源于剪散的原料，特别是在填充过程中，微小的绒毛纤维最容易散发、飘浮在空气中，很容易被吸入操作者的体内。解决方法：操作者在操作过程中尽量戴口罩；操作环境尽量通风，特别是在空调房内操作时，一定要定期开窗通风，保持室内空气清洁。

二、针速不要过快

初学者应尽量把针速调慢，避免出现扎手指的事故。如今，工厂车间与学校工作室一般都使用工业电动缝纫机。针速可调，以适应不同熟练程度的操作者。针速最慢可低至200的刻度处，最快可到5000的刻度处。初学者最好选择300～500的刻度处的针速，等到操作熟练后，再逐步提高针速。有一种现象一定要注意：操作者在锁芯倒线时，为了提高效率，一般可将针速调到2000的刻度处左右，但在倒线完成后，一定要把针速调到原来的大小。如果不及时调好，那么在下次上机操作时容易忘记，或者别人在不知情的情况下进行上机操作，容易出事故。

三、不要疲劳操作

在操作工业电动缝纫机时，操作者需要注意力高度集中，并且手、眼高度配合。人在疲劳时，手眼协调能力变弱，很容易出现操作事故。因此，在上机操作之前，操作者应尽量保持充足的睡眠，以确保在上机操作时有较好的精神状态。在操作过程中，操作者应注意适度休息，让眼睛、腰、颈、肩放松一下，劳逸结合，从而使工作安全、高效。

四、定期保养机器

机器在被使用一段时间后，应由维修人员进行保养。因为机器的零部件比较精密，在工作一段时间后，容易松动、错位，如果没有被及时保养，就会影响缝纫效果与机器的使用寿命。因此，为了安全与效率，要定期保养机器，查看零部件的工作状态是否良好、机器是否需要加润滑油等。

附录 B　缝纫机的常见故障与解决方法

缝纫机操作不当，零部件松动、老化就会出现各种故障，常见的有以下 7 种。

一、跳线

跳线也称跳针，主要是指在使用缝纫机缝合儿童布绒玩具的过程中，有时在几针之间，面线没有吃住底线，导致几针之间出现的时而缝合、时而松开的现象。引起跳线的原因很多，常见的原因及解决方法如下。

（1）原因：在使用缝纫机缝合儿童布绒玩具时需要使用直机针，如果直机针弯折或者装反了，就会导致不能正常运行，从而出现跳线。

解决方法：更换直机针，并且把直机针按照正确的方法进行安装。

（2）原因：穿梭的梭皮有毛刺会引发故障，这时就不能正常走线，容易出现跳线。

解决方法：用砂纸轻轻地磨掉毛刺。

（3）原因：挑线弹簧张力过大、松懈或者挑线弹簧出现故障，就会导致跳线。

解决方法：将挑线弹簧的张力调整至合适的状态。

（4）原因：底线太短会导致跳线。底线太短、底线夹于梭门，梭摆无法勾住线环，底线就带不上来，导致跳线。

解决方法：在缝合前将底线留长一点。

（5）原因：针杆孔、针杆磨损，针杆连接处松动，针杆发生位移都会导致跳线。

解决方法：定期保养维修缝纫机。

（6）原因：缝纫机的直机针太高，勾不住线环，或者缝料、缝线与直机针三者不匹配，也容易导致跳线。

解决方法：根据缝料、缝线选择合适的直机针。

二、断线

断线在缝合过程中很常见。断线的形状、位置不同，原因也各异。常见的断线现象、原因与解决方法如下。

1. 第一针断线，且断线头呈切割状

原因：直机针装反或直机针没有装足，致使直机针太低；缝料偏硬，直机针偏细或压脚的压力过大。

解决方法：检查直机针的安装和针杆连接轴的螺钉是否松动；更换直机针或调整压脚的压力。

2．缝线在断头两端呈卷曲状，并带有短须

原因：夹线过紧或缝线在缝合时发生绊绕；缝线被摆梭挤入梭床导向槽；缝线腐脆易打结、质量差，且过线部位有毛刺。

解决方法：调换夹线片的压力并检查过线线路，以排除绊绕；检查摆梭的磨损情况，在必要时更换摆梭；砂光过线部位，更换缝线。

3．缝料下部积线重，无法形成针距而断线，断线头呈马尾状

原因：送布牙过低，缝料停滞不前，导致积线过多而断线；送布与线的步调不合而被轧断；压脚或直机针松动，阻碍缝料运行。

解决方法：抬高送布牙；调整送布凸轮定位角度；紧固压脚和直机针螺钉。

4．缝合过程中突然断面线，且面线有曲状波动

原因：梭床的位置没装好，面线轧入梭床；梭心套未锁紧或在缝合过程中突然移位；摆梭质量差，梭心簧过长或梭心套为椭圆形的。

解决方法：重新调整梭床的位置；重新安装梭心套；换摆梭。

5．缝合过程中突然断底线

原因：梭心套不合格，内径为椭圆形的，致使梭心转动失灵；梭心簧的螺钉拧得过紧，使梭皮的压力太大；梭心绕线过满或过于松散杂乱；底线腐脆，有结头，使底线无法通过梭心簧。

解决方法：更换梭心套；旋松梭心簧的螺钉；重绕梭心线；更换底线。

6．其他原因及解决方法

（1）原因：穿线方法不正确。

解决方法：按照穿线图重新穿线。

（2）原因：直机针安装不正确。

解决方法：重新安装直机针，使针槽正对操作者。

（3）原因：直机针的针眼及针槽不光滑。

解决方法：更换直机针。

（4）原因：缝线的张力太大。

解决方法：适当调整缝线的张力。

（5）原因：缝线的质量太差。

解决方法：改用质量较好的缝线。

（6）原因：缝线比针眼粗。

解决方法：换用适宜的缝线或直机针。

（7）原因：直机针、弯针、针板、压脚舌、过线孔等有毛刺或刮伤现象。

解决方法：用油石或细砂纸重新打磨，也可更换被刮伤的机件。

（8）原因：直机针与弯针、绷针配合不当。

解决方法：按直机针与弯针、绷针的配合标准重新调整。

三、缝纫机的线迹不良

1．面线呈飘浮状

原因：夹线器的压力过小。

解决方法：旋紧夹线，增大面线的张力。

2．底线呈飘浮状

原因：梭心簧太松。

解决方法：旋紧梭心簧的螺钉，增大底线的张力。

3．针距时长时短

原因：压脚的压力太小。

解决方法：旋紧调压螺钉。

4．缝料下面每针都有线套出现，呈毛巾线套状

原因：送布与挑线动作不合。

解决方法：调整送布凸轮螺钉，使送布与挑线动作协调一致。

5．其他原因及解决方法

（1）原因：缝线的粗细不一致。

解决方法：改用较好的缝线。

（2）原因：夹线器工作不正常。

解决方法：清除夹线器内的杂尘，使过线平顺。

（3）原因：过线器定位不正确。

解决方法：调整针线、弯针线、绷针线的张力。

（4）原因：过线孔不光滑。

解决方法：打磨或抛光过线孔。

四、缝纫机的缝料起皱

（1）原因：差动送料比率不当。

解决方法：适当调整差动送料比率。

（2）原因：送布牙的高低、前后位置不当。

解决方法：按标准重新调整送布牙的高低、前后位置。

（3）原因：缝线的张力过大。

解决方法：适当调整缝线的张力。

（4）原因：压脚的压力太大或太小。

解决方法：适当调整压脚的压力。

（5）原因：小压脚失去上下灵活运动的能力，大、小压脚之间嵌入缝线或生锈。

解决方法：清除大、小压脚之间的异物，除锈或更换生锈的压脚。

五、缝纫机断针

1．缝厚料断针

原因：直机针过细或弯曲；缝料的厚度不均匀；针杆窜动幅度过大。

解决方法：换用粗针；放慢速度并用手帮助送料；更换针杆或针杆套。

2．短针距不断针，长针距断针

原因：送布牙的动作滞后，直机针碰到送布牙后端而断针；送布牙不合格。

解决方法：调整送布凸轮的定位；适当缩短针距或更换新送布牙。

3．直机针断在针板下面

原因：直机针的位置偏低，直机针碰到摆梭；梭床没装好，摆梭尖碰到直机针；摆梭托与直机针的端面间隙过小或过大，摆梭托碰到直机针或失去护针作用。

解决方法：调整针杆或直机针的位置；重新装梭床；调整摆梭托与直机针的端面间隙。

4．直机针断在针板上面

原因：手拉缝料过猛，致使直机针弯曲；压脚螺钉松动，致使压脚歪斜而碰到直机针；送布凸轮发生位移，致使缝料拉断直机针；缝料中有硬物把直机针碰断。

解决方法：加强操作练习；调正压脚，拧紧螺钉；调整送布凸轮螺钉的位置；在缝合过程中随时检查缝料，避免有硬物触碰到直机针。

5．其他原因及解决方法

（1）原因：压脚的压力太小，导致送布不良而断针。

解决方法：适当增加压脚的压力，使送布正常。

（2）原因：弯针与直机针相撞。

解决方法：按标准调整弯针与直机针的配合位置。

（3）原因：绷针与直机针相撞。

解决方法：按标准调整绷针与直机针的配合位置。

（4）原因：直机针与护针杆配合不当。

解决方法：按标准调整直机针与护针杆的配合位置。

（5）原因：弯针尖圆秃。

解决方法：更换弯针。

（6）原因：针杆和针杆套筒磨损严重，使针杆与针杆套筒配合松动。

解决方法：更换针杆和针杆套筒。

（7）原因：针板上的针眼太小。

解决方法：换用大针眼针板或小号直机针。

（8）原因：机件松动。

解决方法：检查钩线机构各机件之间的配合和磨损情况，按标准调整配合尺寸，必须更换磨损严重的机件。

六、缝纫机花针

（1）原因：直机针太低，使直机针线圈太大，从而使线圈相互交织在一起。

解决方法：按直机针高度定位标准重新定位。

（2）原因：针板舌头太狭窄，使直机针线圈容易产生拼拢现象。

解决方法：更换针板。

（3）原因：弯针下面太狭窄，且呈圆形，容易使直机针线圈在弯针上不能各自分开，从而使线圈相互交织在一起而产生花针现象。

解决方法：更换弯针。

（4）原因：直机针与弯针配合不良。

解决方法：按标准调整直机针与弯针的配合位置。

七、针杆抬不起来

针杆抬不起来的现象不常见，但在使用毛高较长的毛绒面料制作儿童布绒玩具时容易出现这一现象。针杆外面套有一根控制针杆的管腔，正常情况下，在机器运转时，针杆在管腔中上下跳动。如果绒毛出现在针杆边，针杆在上下跳动时，就容易将绒毛吸入针杆与管腔之间，导致针杆跳动受阻，严重时，针杆下不去或上不来，有时操作者需要费力地转动挑线摇杆才可以拔出针杆来。为了避免这种现象发生，操作者一定要控制好绒毛。另外，通过修剪缝合边的绒毛也可以避免这种现象发生，而且在修剪缝合边后制作出的儿童布绒玩具的效果会更好。

参 考 文 献

[1] 王雅雯．包装设计原则与指导手册[M]．北京：人民邮电出版社，2023．
[2] 邓嘉琳，熊翼霄，任泓羽．包装创意设计研究[M]．长春：吉林大学出版社，2020．
[3] 柯胜海．智能包装设计研究[M]．南京：江苏凤凰美术出版社，2019．
[4] 马赈辕．解构包装：创意·版式·结构·工艺[M]．北京：化学工业出版社，2021．
[5] 金洪勇，王丽娟，李晓娟．包装设计与制作[M]．上海：同济大学出版社，2022．
[6] 陈根．包装设计从入门到精通[M]．北京：北京工业出版社，2018．
[7] 瞿颖健．包装设计基础教程[M]．北京：化学工业出版社，2022．
[8] 陈根．决定成败的产品包装设计[M]．北京：化学工业出版社，2017．
[9] 李芳．商品包装设计手册[M]．北京：清华大学出版社，2016．
[10] 秦金亮．儿童发展概论[M]．北京：高等教育出版社，2008．
[11] 刘晓东．儿童教育概论新论[M]．2 版．南京：江苏教育出版社，2008．
[12] 任佳盈，何玉龙．儿童动漫衍生产品设计[M]．北京：电子工业出版社，2022．
[13] 朱智贤．儿童心理学[M]．6 版．北京：人民教育出版社，2018．
[14] 方富熹，方格，林佩芬．幼儿认知发展与教育[M]．北京：北京师范大学出版社，2003．
[15] 皮亚杰．发生认识论原理[M]．王宪钿，等译．北京：商务印书馆，1981．
[16] 韩国色彩研究所．儿童色彩教育[M]．宗黎娟，译．北京：电子工业出版社，2009．
[17] 张佳宁，谭一．儿童产品包装设计的附加功能之探讨[J]．包装工程，2012，33（14）：80-83．
[18] 黄新．基于学龄儿童认知特点的益智性文具包装设计[D]．株洲：湖南工业大学，2020．
[19] 白银．基于儿童认知特点下的趣味性包装设计研究[D]．成都：西南交通大学，2012．
[20] 李晓瑭．儿童玩具包装设计研究[D]．株洲：湖南工业大学，2008．
[21] 黎英．两宋包装设计艺术研究[D]．株洲：湖南工业大学，2009．
[22] 张云帆，王安霞，李世国．交互设计理念在包装设计中的应用[J]．中国包装，2007，27（6）：31-32．
[23] 刘俊宏．儿童产品包装设计研究[J]．工业设计，2022（03）：64-66．

[24] 郑含. 情感教育的理论与实践探索：评《教育中的情和爱——儿童，青少年情感发展与教育研究 40 年》[J]. 中国教育学刊，2020，323（03）：144-144.

[25] 任佳盈. 基于学前儿童数感发展的数独棋设计[J]. 装饰，2022（11）：124-126.

[26] BONFIM G H C，PASCHOARELLI L C. Visualization and Comprehension of Opening Instructions in Child Resistant Packaging[J]. Procedia Manufacturing，2015（3）：13-14.

举报电话：（010）88254396；（010）88258888
传　　真：（010）88254397
E-mail：　dbqq@phei.com.cn
通信地址：北京市海淀区万寿路 173 信箱
　　　　　电子工业出版社总编办公室
邮　　编：100036